KB009397

우리 바다가 품은 온갖 이야기

우리 바다가 품은 온갖 이야기

바다낚시와 물고기 그리고 서식 환경

초판 2쇄 발행 2022년 8월 12일
초판 1쇄 발행 2021년 10월 28일

지은이 양찬수 · 명정구 · 양인철
펴낸이 이원중

펴낸곳 지성사 **출판등록일** 1993년 12월 9일 **등록번호** 제10-916호
주소 (03458) 서울시 은평구 진흥로 68, 2층
전화 (02) 335-5494 **팩스** (02) 335-5496
홈페이지 www.jisungsa.co.kr **이메일** jisungsa@hanmail.net

ISBN 978-89-7889-475-3 (04400)
ISBN 978-89-7889-168-4 (세트)

잘못된 책은 바꾸어드립니다. 책값은 뒤표지에 있습니다.

우리 바다가 품은 온갖 이야기

바다낚시와 물고기 그리고 서식 환경

양찬수
명정구
양인철
지음

지성사

■ 여는 글

1인당 수산물 소비량 세계 1위인 우리나라의 바다낚시 인구가 급증하고 있다. 같은 바다이지만 잡히는 물고기가 위치마다 다르고, 물고기마다 잡는 방법도 다르다. 또한 지구 온난화의 영향을 크게 받아 잡히는 바닷물고기의 어종과 장소가 바뀌는 중이다.

과하면 해가 된다고 했던가. 바다낚시에 많은 이들의 관심이 높아지면서 그에 따른 부작용도 염려하지 않을 수 없다. 아무리 개인의 취미생활이라 하지만 점점 고갈되어 가는 우리의 수산자원을 생각하지 않을 수 없고, 그에 따르는 바다 환경 오염을 비롯해 여러 측면에서 우리 바다의 현재 상황을 제대로 아는 것이 중요하다고 생각하기에 이르렀다.

이에 우리 바다가 품고 있는 어류의 생태와 서식 환경, 물고기 잡는 방법과 어구, 지구 온난화에 따른 바다 환경 등의 내용을 아버지와 아들의 대화 형식으로 엮어 좀 더 친숙하고 쉽게 이해할 수 있도록 꾸몄다.

지난 50년간 우리 바다의 온도는 위치에 따라 0.3도에서 1.7도까지 상승했다. 지구 온난화의 위기가 바다 환경에서도 일어나고 있다. 이런 환경에 적응하기 위한 어류의 움직임과 함께 어선들의 위치를 인공위성으로 관찰하여 불빛으로 표시한 지도도 곁들였다.

배를 타고 나가서 물고기를 잡을 수 있는 영해와 배타적 경제수역(EEZ), 그리고 주변국들 사이의 바다에 별도의 선을 그어 협의한 한중잠정조치수역, 한일어업협정중간수역 등 중국과 일본 사이에서 우리 바다를 어떻게 지켜낼지 생각할 수 있는 기회를 마련했다. 또 수산자원을 보호하기 위한 금어기와 금지체장, 안전하게 바다낚시를 즐기기 위해 지켜야 할 규칙 등 알아두면 도움이 되는 바다 상식도 담고 있다.

동해와 서해, 남해와 제주 바다에 사는 물고기들 가운데 우리에게 친숙한 물고기의 이름 유래와 생김새, 맛과 영양가는 물론, 독특한 생태 습성을 지닌 물고기들이 현세대뿐만 아니라 후손들이 만날 수 있기를 바라는 마음 간절하다.

이 책을 통해 우리 바다가 품고 있는 바다 생물을 만나면서 건강한 바다 생태계를 유지하기 위해 어떠한 노력들이 필요한지 진지하게 생각할 수 있는 기회가 되었으면 좋겠다.

윤문과 많은 조언을 해준 조정현 작가님과 마지막까지 최고의 출판이 되는 데 큰 도움을 준 도서출판 지성사 편집부에 감사의 말을 전한다.

대표 저자 양찬수

차 례

05 서해 바다에 사는 물고기들

06 남해 바다에 사는 물고기들

07 제주 바다에 사는 물고기들

01

우리 바다에 사는 물고기들

바다낚시에 나서기 전에 준비할 것들

 인환아, 뭐 하니?

 '낚시꾼과 어부'를 보고 있어요.

재미있는 모양이구나. 예전에는 촌에도 사람들이 많이 살았어. 평야 지대에 살든, 산속에 살든, 바닷가에 살든 다들 물고기 잡는 재미를 알았지. 고무신을 벗어 한 손에 들고 개울을 휘젓고 다니면서 송사리를 잡기도 하고, 대나무로 만든 낚싯대로 저수지에서 피라미를 낚기도 했어. 또 논 사이에 난 수로에서는 미꾸라지나 붕어를 잡기도 했지.

그런데 이제는 대부분 도시에서 사니까 물고기 잡는 재미를 잃어버렸어. 그래서 아빠 나이가 되면 다시 고향으로 돌아가 살고 싶어 하는 사람들이 많아.

'낚시꾼과 어부'를 보면 어딘지 모르게 재미있어

요. 낚시꾼들이 물고기 잡는 것을 보니 신기하기도 하고, 물고기가 팔딱팔딱 뛰는 자연으로 돌아간 느낌을 받아요. 집, 학교, 학원을 뱅뱅 돌다가 주말이면 PC방이나 도서관에서 시간을 보내는데 어쩌다 자연을 만나면 참 포근하고 따뜻하다는 생각이 들어요. 아빠, 이참에 우리도 낚시 한번 가볼까요?

음, 처음인데 괜찮겠니? 아무튼 좋아. 낚시를 하려면 대충 뭐가 필요한지 알고 있지? 우선 낚싯대가 필요해. 낚싯대는 민물용과 바다용이 있는데 우리는 바다로 가니까 바다낚시에 입문할 때 쉽게 다룰 수 있는 원투(遠投) 낚싯대로 하자구! 주로 방파제나 연안에서 노래미나 도다리, 광어, 붕장어를 잡을 때 쓰는 낚싯대지. 다른 낚싯대를 쓰려면 물속의 움직임을 알 수 있는 찌를 써야 하지만 그럴 필요가 없어. 다음은 릴이 있어야 하지. 낚싯대와 줄을 연결해 주는 장비야. 릴은 가격대가 천차만별이지만 우리는 10만 원대 아래로 고를 거야. 다음에는 뭐가 필요할까?

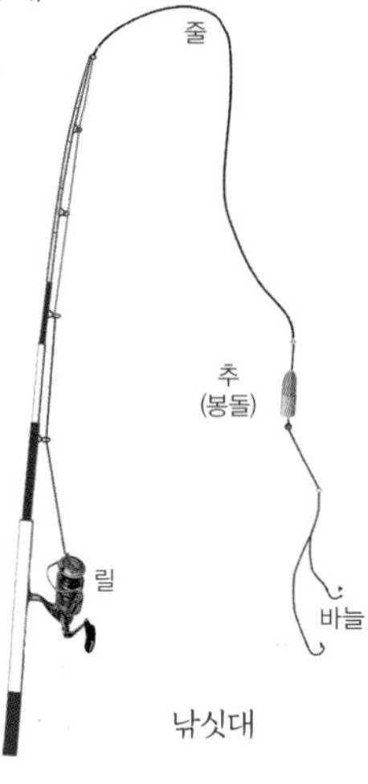

줄
추
(봉돌)
릴
바늘
낚싯대

그야 미끼를 끼울 낚싯바늘이 필요하지요. 또 낚싯바늘을 멀리 보낼 추(봉돌)하고 뜰채, 물고기에 따라 그에 맞는 미끼가 필요하겠지요.

오호, 대단한걸? 많은 것을 알고 있구나. 자, 낚싯대를 마련했으니 이제 뭘 준비해야 할까?

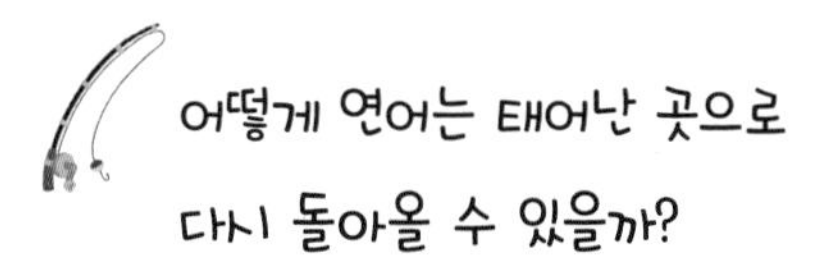

어떻게 연어는 태어난 곳으로 다시 돌아올 수 있을까?

아빠는 스쿠버다이빙도 하고 물고기 도감도 펴내기도 했으니까 물고기를 많이 아시죠?

그야 당연하지! 넌 어떤 물고기가 제일 좋니?

연어요!

소금과 후추를 뿌려 구운 연어 스테이크는 정말 맛있지. 연어알을 초밥에 얹어 먹으면 더 맛있고. 연어는 강에서 태어나 바다에서 자란 후, 다시 자기가 태어난 강으로 돌아와 알을 낳고 일생을 마치는 회귀성 어류인데, 유명 연예인처럼 때맞춰 한 번씩 TV에 진풍경을 보여 주곤 하지.

연어가 돌아오는 곳은 동해안의 가장 북쪽인 고성 명파천에서 남쪽으로 양양의 남대천, 강릉 연곡천, 경북 울진군의 왕피천, 강구 오십천 등이며 남해안의 낙동강, 섬진강까지인데 회귀율은 1퍼센트가 채 안 되게 낮아. 바다에서 성장한 연어는 산란기에 맞춰 그 먼 길을 헤엄쳐 가을철에 물이 찬 하천이나 호수의 자갈 사이에 분홍빛 알을 낳지.

우와, 대단하다! 우리나라에서 자란 연어가 다시 돌아온다는 말이죠? 그런데 연어는 어떻게 자기가 태어난 곳으로 돌아오나요?

사람이 나이 들어서도 고향을 잊지 못하는 것처럼, 새끼 연어도 바다로 가기 전까지 고향 하천의 냄새를 익히기 때문에 3~7년의 여행 후에도 잊지 않고 고향으로 돌아올 수 있다는구나. 그런데 우리가 만나는 대부분의 연어는 강에서 인공 부화시킨 치어를 하천에 방류한 거야. 그동안 너무 많이 잡아 연어 자원을 보호해야 하거든.

연어

왜 고등어 등은 푸른빛을 띨까?

 또 좋아하는 물고기는?

 고등어요!

가수 김창완이 부른 '고등어' 말이구나. 좋아, 등 푸른생선 하면 두말할 것 없이 고등어지. 갓 잡은 고등어는 회로 떠서 먹기도 하지만 잡은 직후가 아니면 횟감으로 쓰기 어려워. 붉은색을 띤 고등어 살은 지방이 많아 육질은 연하지만 부패하기 쉽거든.

고등어는 갈치나 전어처럼 가을이 제철인데 이때가 지방이 최고로 많아. 한때는 영양가가 높고 값이 싸서 '바다의 보리'라고 했어. 동맥경화나 혈전증, 고혈압, 심장질환 등 성인병 예방에 좋고, 불포화지방산인 DHA(docosahexaenoic acid)가 많아 두뇌 활동에 좋으니 학생들에게 그만이지. 치매 예방에도 효과가 있어. 철분이 많으니 빈혈에 좋고. 혹시 피부가 좋은 얼짱이 되려면 고등어 껍질, 그중에서도 꼬리 부근에 있는 비타민 B_2 성분을 먹는 게 좋아. 그게 젊음을 유지해 준다나 어쩐다나. 또 궁금한 게 있으면 말해 보렴. 이렇게 쉽게 설명해 줄 테니.

고등어

저는 노라조가 부른 '고등어'가 생각나는데, 혹시 고등어 등이 푸른 이유가 있을까요?

하늘에서 내려다보았을 때 바다색과 구별하기 어렵게 하려는 거야. 일종의 보호색이지. 배가 하얀 것도 물속에서 수면과 구별이 안 되도록 하려는 거고.

아하, 그렇군요.

우리 바다에는 어떤 해류가 흐를까?

여행 떠나기 전에 우리나라 바다에 대해 잠시 살펴볼까?

『바다의 터줏대감, 물고기』에도 나와 있지만, 삼면이 바다로 둘러싸인 우리나라는 연안에 넓은 대륙붕과 3300여 개에 이르는 많은 섬이 있지. 음, 바다에는 다양한 해류가 흐르고 있고.

동해에서는 태평양에서 올라오는 쿠로시오(검은색에 가깝게 보이는 해류라는 뜻)의 지류인 대마(쓰시마) 난류가 제주도, 남해안을 거쳐 동해안을 따라 북상하다가 남하하는 북한 한류와 만나 울릉도와 독도 북쪽으로 흐르지. 또 동해의 깊은 수심대에는 차가운 동해 고유수가 일 년 내내 존재하고 있어. 그런가 하면, 최대 수심이 100미터가 되지 않는 얕은 바다인 황해에는 중앙에 냉수대가 자리 잡고, 연안은 계절 변화에 직접적인 영향을 받아 계절별 수온 차가 심하지.

아빠, 잠깐만요. 밀물과 썰물은 달과 해가 끌어당기는 힘, 인력 때문에 생기잖아요. 그런데 해류는 왜 생기는가요?

음, 좋은 질문이야. 해류는 여러 가지 요인으로 생기지. 지구 표면이 받는 태양복사 에너지의 차와 지구 자전 효과로 인해 서쪽에서 동쪽으로 치우쳐 부는 편서풍이나 적도를 향해 일정한 방향으로 무역풍이 부는데, 이 대기의 흐름으로 해류가 발생한단다. 또 태양열이나 강물로 인해 발생하기도 하고.

열대에서 가열된 따뜻한 물은 밀도가 낮고, 한대의 찬물은 밀도가 높단다. 따라서 밀도가 높은 찬물이 가라앉은 깊은 곳에서는 열대 쪽으로 흐르고, 밀도가 낮은 따뜻한 물은 표층에서 한대 쪽으로 흐르는 순환이 일어난단다. 참고로 밀도는 염분에 따라서도 좌우되기 때문에 염분 차에 따라 물이 흘러 이동하게 돼. 뜨거운 적도 지방에서 시작된 해류는 '난류', 극지방에서 시작된 해류는 '한류'라고 해. 이 해류들이 지나는 육지도 당연히 기후가 달라지겠지? 엄청난 물들이 지구를 빙빙 도니까 말이야. 인환이는 겨울이 좋아, 여름이 좋아?

잘 모르겠어요. 어릴 때는 해수욕장에 갈 수 있는 여름이 좋았는데 지금은 스키장에 갈 수 있는 겨울이 더 좋은 것 같기도 해요.

사람처럼, 물고기도 좋아하는 물이 달라. 갈치나 고등어는 따뜻한 바다를 좋아하고, 내구나 송어는 차가운 바다를 좋아하지. 특히 난류와 한류가 만나는 지역엔 황금 어장이라고 할 만큼 물고기가 많이 산단다.

자, 지도를 한번 볼까?

우리나라 주변 해역에도 쿠로시오 해류의 지류 등 다양한 해류가 흐르지. 쿠로시오 해류는 대마 난류와 황해 난류로 나뉘어 흐르고, 북쪽에서는 동해의 서쪽 해안을 따라 연해주(리만) 한류가 흐르고 있어. 연해주 한류에서 분리된 북한 한류와 쿠로시오 해류에서 분리된 동한 난류가 만나 울릉도 근처에서 '조경 수역'이 형성되지. 조경 수역이란 한류와 난류와 같이 성질이 다른 두 해류가 만나 경계를 이룬 구역을 말한단다.

이 조경 수역은 난류가 강한 여름에는 북상하고, 한류가 강한 겨울에는 남하하는데, 한류성 어종과 난류성 어종이 모두 잡히는 황금 어장이 되지. 동해의 조경 수역 주변에 독도가 자리 잡고 있어 우리나라 어업에 중요한 역할을 하는데, 우리나라와 일본의 중간 수역으로 설정된, 비교적 수심이 얕은 대화퇴(大和堆) 어장이 유명하단다.

 지도의 빨간 선은 무얼 가리키나요?

난류의 흐름이야. 숫자는 수온, 즉 물의 온도지. 하얀 선은 한류의 흐름이고. 10도, 12도, 14도 등이 보이지? 맨 위에 수평계처럼 생긴 막대를 보면 알 수 있지만, 바탕색이 푸른색, 보라색으로 갈수록 수온이 낮고, 노란색, 붉은색으로 갈수록 수온이 높다는 것을 나타내고 있어.

 아하, 그렇군요.

 이처럼 우리 바다는 기온 변화가 큰 연안 환경과

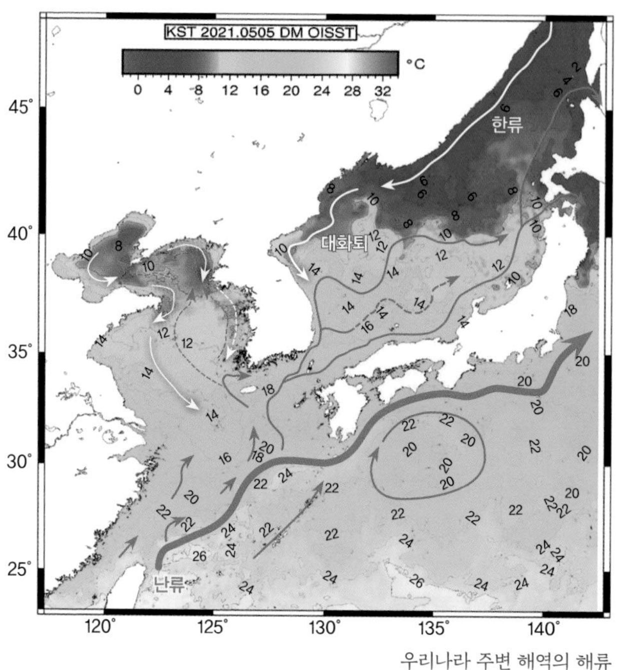

우리나라 주변 해역의 해류

다양한 해류의 영향을 받기 때문에 계절에 따른 수온 변화가 심하단다. 또한 서해역, 남해역, 동해역의 환경 특성이 달라 서식 어종도 각각 다르지. 자연히 어류의 종 다양성이 높아 한대성, 온대성, 아열대성, 열대성 물고기를 포함해 약 1000여 종의 물고기가 우리나라 연근해에 살고 있어.

동해안처럼 평편한 모랫바닥이 발달하여 해수욕장이 많은 곳, 서해안처럼 수심이 낮고 갯벌이 넓게 펼쳐져 있는 곳 등 각각의 특색도 두드러지게 나타나지. 이처럼 연안의 환경이 다양하다는 것은 다양한 어류에게 알맞은 서식 환경을 제공할 수 있다는 것을 뜻해.

이렇게 많은 물고기가 사는 줄 몰랐어요. 우리 바다는 좋은 어장인 셈이네요.

음, 그렇지. 다양한 해양생물 종이 서식하는 우리 바다는 좋은 어장을 형성하고 있어. 어류는 육상의 가축인 소나 돼지, 닭 등과 함께 오랫동안 식용되어 인간에게 고단백질을 제공해 왔지. 생선은 육류와 비교해 볼 때 단백질은 비슷하지만 지방이 적어서 비만이 걱정인 사람들에게 아주 좋아.

경제 상황이 좋아진 우리나라에서도 육류 소비가 늘면서 성인병도 덩달아 증가했는데, 일본의 암 예방 연구소 조사에 따르면 생선을 자주 먹을수록 장수하는 것으로 나타났어. 생선에 들어 있는 EPA(eicosapentaenoic acid)와 DHA 같은 오메가-3 지방산이 성인병을 억제한다는구나.

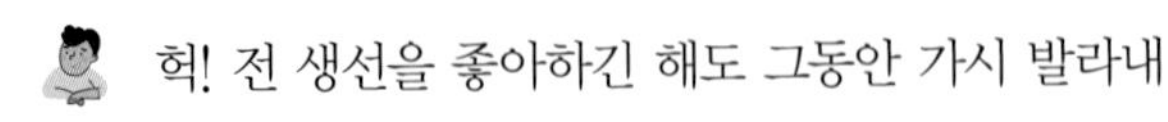

헉! 전 생선을 좋아하긴 해도 그동안 가시 발라내

기가 귀찮아서 잘 안 먹었어요.

어쩐지 엄마가 발라준 생선만 먹더라니. 목에 가시가 걸릴까 봐 그랬구나? 먹다 보면 다 방법을 터득할 수 있지.

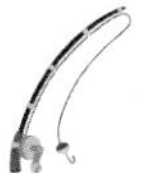

어떻게 바닷길을 찾을까?

그런데 배를 타고 바닷길을 가는 데 뭐 특별한 방법이 있나요?

음, 낮에는 바다가 눈에 보이지만 안개가 끼거나 밤이 되면 배를 타고 바다에 나가기가 어려워. 나침반도 없는 시절에는 별을 보고 항해했지만, 큰 파도를 만날까 무서워 되도록 육지에 붙어서 항해했지. 사실은 그게 더 위험했어. 바닷속 암초 때문이지. 물속에 있는 바위를 '암초'라고 하는데, 보기에는 작아 보여도 실제로는 엄청 큰 게 도사리고 있기도 하거든. 빙산의 일각이란 말처럼 말이지.

그래서 배를 안전하게 육지로 안내할 높은 탑을 만들어 위험한 곳을 알려 주고 불을 비춰 주기도 했는데 그게 바로 '등대'야. 그런데 밤이 되면 무엇으로 불을 밝혔을까? 요즘에야 전기로 불을 밝히지만 예전에는 그렇지 못했거든. 음, 서양에서는 장작이나 석탄을 쓰기도 했지만 우리나라에서는 기름으로 불을 밝혔지. 등대라고 하니, 버지니아 울프의 『등대로』라는 소설이 떠오르네. 아빠가 좋아하는 작가거든.

등대는 무인 등대도 있지만 사람이 지키는 등대도 있어. 등대를 지키는 사람을 '등대지기'라고 했는데 얼마나 힘들고 외로웠을지 '등대지기'라는 노래를 들으면 알 수 있지.

엄마가 부르시는 걸 몇 번 들었어요. 바닷길은 어떻게 찾아가나요?

예전에는 나침반과 종이로 만든 지도가 있었지만, 최근에는 전자통신 기술의 발달로 전자 해도를 이용해 주변의 수심이나 암초 같은 위험물 위치를 파악할 수 있게 되었어. 인공위성을 통해 배의 위치가 자동으로 전자 해도에 표시되니까 내비게이션을 보고 자동차를 운전하는 것과 다를 바가 없지. 인공위성을 이용한 위치추적 장치, 일명 GPS(global positioning system)라고 해.

02

물고기 잡는 방법과 어구 종류

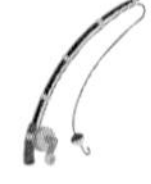

물고기는 어떻게 잡을까?

인환아, 물고기 잡는 방법에는 여러 가지가 있어. 맨손으로 잡을 수도 있고, 도구를 사용할 수도 있지. 배에 그물을 달아 끌고 다니기도 하고. 너무 많은 어구와 어법들이 있는데 다 설명하기는 어렵겠구나. 여기 간단히 정리해 놓은 것을 한번 읽어 보면 훨씬 이해하기가 쉬울 거야.

네, 그렇게 할게요.

고기잡이에는 크게 그물을 이용하거나 낚시를 이용하는 방법이 있다. 자망, 선망, 인기망, 인망은 모두 그물을 이용한 고기잡이 방법이고, 채낚기와 주낙은 낚시를 이용한 고기잡이 방법이다. 그 외 통발, 단지를 사용하는 방법도 있다.

〔어구 용어는 『한국 어구도감』(해양수산부·국립수산과학원, 2002)에 따름.〕

▶ **걸어구류**(자망류刺網類, gill nets)

긴 띠 모양의 그물을 물속에 설치하여 지나가는 물고기가 그물코에 꽂히게 하여 잡는 어구이다. 어구의 설치 방법에 따라 대표적으로 고정걸그물류(고정자망류)와 흘림걸그물류(유자망류)가 있다.

고정걸그물류는 대상 어종에 따라 표층이나 저층에 설치하며, 주 대상 어종은 명태, 까나리, 청어, 도루묵 등이다.

흘림걸그물류의 대상 어종은 꽁치, 방어, 멸치, 참조기, 삼치 등이다.

흘림걸그물

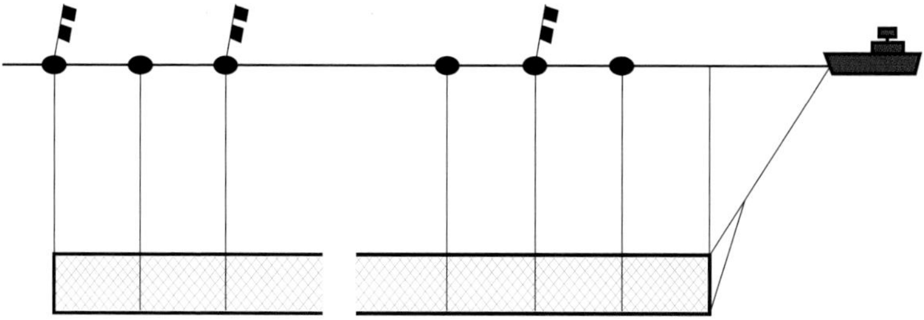

▶ **두리어구류**(선망류旋網類, surrounding nets)

표층 또는 표층에 가까운 수층을 헤엄쳐 다니는 어종을 대상으로 하는 방식이다. 긴 사각형의 그물로 어류 떼를 둘러싼 뒤 어류가 옆, 아래로 도망가지 못하게 점차 조여서 잡는다. 두리어구류에는 봉절망류, 건착망류, 양조망류 등이 있다.

이 가운데 건착망류(巾着網類, purse seines)는 주머니 모양의 그물이 달리거나 달리지 않은 긴 네모꼴의 그물로 물고기 떼를 둘러쳐 포위한 다음 그물 아랫부분의 발줄 전체에 있는 조임줄을 조여 물고기들이 그물 아래로 빠져나가지 못하게 포위 범위를 좁혀 대상 생물을 잡는다. 보통 그물배 1척, 어탐선 2~3척, 운반선 2~3척이 선단을 이룬다. 주 대상 어종은 다랑어류(참치), 오징어, 삼치, 고등어, 전갱이 등과 같이 큰 무리를 지어 회유하는 물고기들이다.

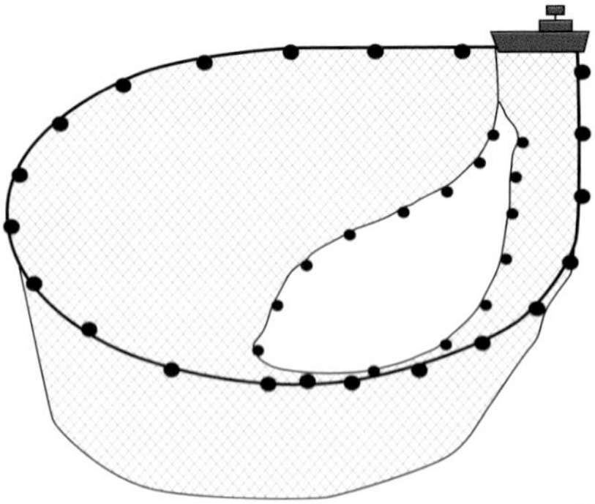

두리어구

▶ **후리어구류**(인기망류引寄網類, seine nets)

자루그물이 달리거나 달리지 않은 긴 날개그물로 일정한 해역을 둘러싼 다음 날개그물의 양 끝이 오므려질 때까지 끌줄을 끌어 대상 생물을 잡는다. 후리어구류에는 채후리그물류, 갓후리그물류, 배후리그물류가 있다.

이 가운데 갓후리그물류(지인망地引網, beach seines)는 얕은 연안 해역을 그물로 둘러싼 다음 연안에서 양쪽 줄을 육지 쪽으로 당겨서 어류를 잡는다. 얕은 연안에 출현하는 멸치 등을 대상으로 하는 어법이지만 요즈음은 거의 하지 않는다.

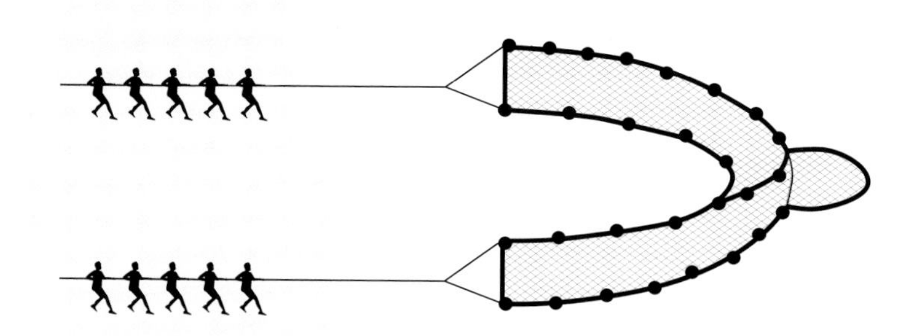

후리어구

▶ **끌어구류**(인망류引網類, dragged gear)

주머니 모양의 그물을 수평으로 끌어서 어류를 잡는다. 끌어구류에는 조개잡이용 형망, 바닥 어류를 잡는 저층트롤 및 쌍끌이 기선저인망, 중층 어류를 잡는 중층트롤이 있다.

저층쌍끌이그물류(이쌍기선저인망류二雙機船底引網類, bottom pair trawls)는 날개그물이 달린 긴 그물을 선박 두 척이 바닥을 끌면서 어류를 잡는 방식이다. 주로 갈치, 참조기, 고등어, 병어 등 어류를 주 대상으로 한다.

자루그물 입구에 대나무나 쇠파이프로 된 빔(beam)을 부착한 그물을 선박 한 척으로 끄는 것은 빔트롤망류(beam trawls, 외끌이그물류)라 하며 새우, 소라 등이 대상 생물 종이다.

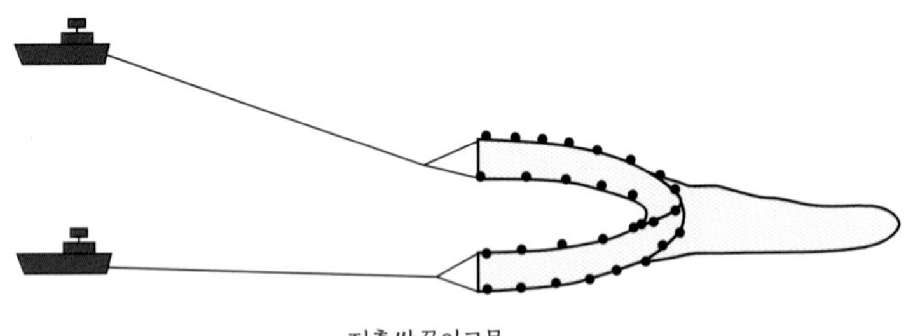

저층쌍끌이그물

▶ **낚기어구류**(조구류釣具類, lines)

낚시(낚싯바늘)가 달리거나 달리지 않은 줄을 이용하여 대상물을 낚아 잡는 것을 말한다. 어구 구조나 조업 방법 등에 따라 크게 낚시 없이 잡는 것, 낚시어구류, 걸낚시류로 나뉜다.

낚시어구류에는 기다란 낚싯줄 한 가닥에 낚시 한 개, 또는 여러 개를 달아 대상 어종을 낚는 방법이다. 낚싯줄을 직접 손에 잡는 대신 낚싯대를 이용하는 대낚시류(pole lines)가 있으며, 대상 어종은 가다랑어 대낚시가 유명하다.

또 외줄에 낚시를 여러 개 달아 오징어 어군이 있는 수층까지 수직으로 내린 뒤 삼아올리거나 수동 롤러, 자동

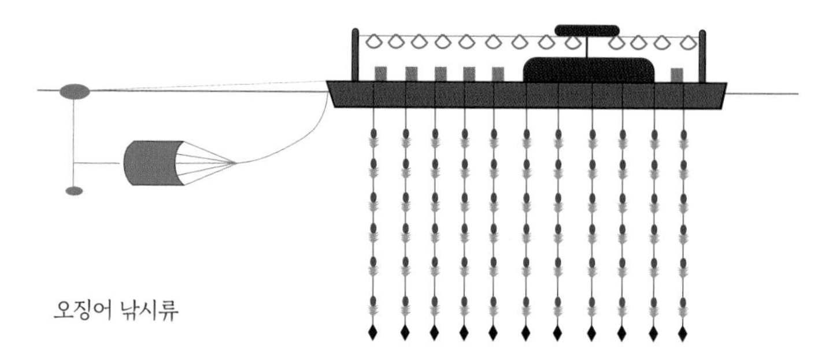
오징어 낚시류

조획기를 사용하여 오징어를 채어서 낚는 오징어 낚시류(squid hooks)도 있다. 이 어법에는 집어등의 영향이 매우 커서 선박의 크기에 따라 광도(光度)를 제한하고 있다. 한 줄에 낚시 30개 내외를 달고 주로 야간에 작업을 한다.

또 다른 어법인 주낙류(long lines)는 물고기를 한 번에 여러 마리를 잡기 위해 수평으로 펼쳐지는 줄(모릿줄)에 낚시를 매단 여러 개의 낚싯줄을 일정한 간격으로 늘어뜨린 것이다. 고정식과 흘림식이 있으며 명태, 넙치, 농어, 돔, 가자미, 복어 등이 대상 어종이다.

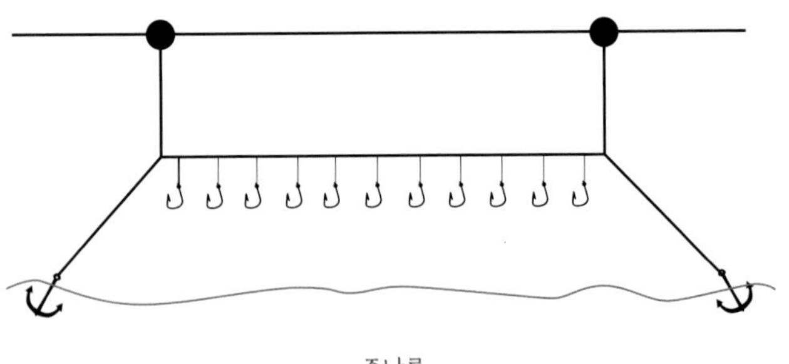

주낙류

▶ **통발**(筒, pots)

통발, 낙망, 어살, 울타리 등은 함정어구류(陷穽漁具類,

traps)에 속한다. 통발은 크게 이동하지 않으면서 미끼에 유인이 잘되는 생물들을 대상으로 한다. 나무, 철사, 대나무 등으로 틀을 만들어 그물을 씌우거나 함정 통로를 내어 일단 들어온 물고기가 거슬러 나오지 못하게 만든 어구이다.

게 통발, 붕장어 통발, 고둥 통발 등이 있으며, 연안에서 수심 2000미터까지 다양한 수층에서 다양한 종을 대상으로 한다.

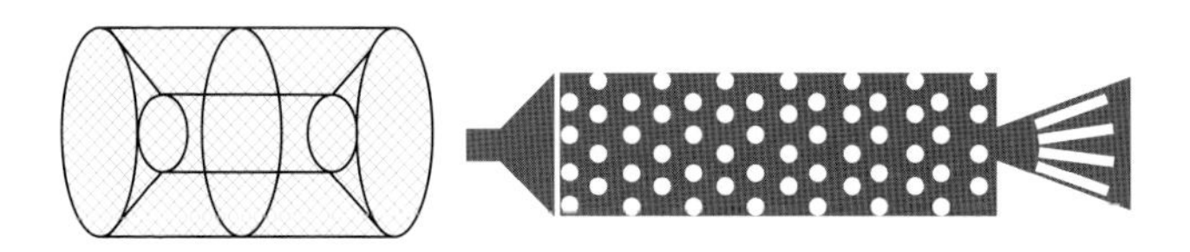

게 통발(왼쪽)과 붕장어 통발(오른쪽)

03

어디에서 얼마나 물고기를 잡고 있을까

우주에서 바라본 한반도 부근, 야간 불빛과 어선들

이 지도는 뭐예요? 무얼 가리키고 있나요?

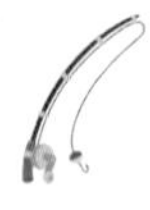

우리 지구를 돌고 있는 인공위성에서 밤에 한반도 부근을 찍은 사진이야. 북한은 어둡게 나타나고, 우리나라는 서울과 경기도를 비롯해서 주요 도시 부근의 불빛이 하얀색으로 밝게 빛나고 있구나.

또 바다를 보면 노란색으로 보이는 점들이 있지? 바로 어선의 불빛을 나타내는 거야. 황해에서 홍도, 전남-제주도 사이에 어선들이 많고, 제주도 아래에도 많이 몰려 있는 것을 알 수 있네. 울릉도와 독도, 북한의 원산 앞바다, 먼 바다에 드문드문 불빛이 보이고. 마치 도시의 야경을 보는 느낌이지?

한마디로 밤에 불을 밝히고 있는 곳을 보여 주는 사진이야.

인공위성에서 관측한 한반도의 야경

북한은 전력 사정이 안 좋거나 다른 이유에서 밤에 따로 불을 밝히지 않고 있다고 보아야 하겠지.

인공위성에서 관측한 어선들의 위치 자료

자, 지도를 또 하나 볼까? 인환이는 이런 지도는 처음 볼 거야.

네. 무슨 지도인가요?

인공위성에서 어선들의 위치를 1년 동안 관측한 자료란다. 2018년과 2020년에 우리 어선이 얼마나 많이 물고기를 잡으러 바다에 나갔는지 보여 주지. 흰색은 어선들이 없는 곳이고, 파란색에 가까우면 어선들의 수가 조금 있는 곳인데, 붉은색이면 어떨까?

붉은색에 가까우면 어선들이 많이 있다는 것을 보여 주는 것 같아요. 저기 보세요! 아빠가 가르쳐 주신 곳인데 아주 붉은색이에요. 조경 수역이라고 하는 독도 주변과 대화퇴 어장 말이에요.

그래, 맞아. 조경 수역은 성질이 다른 두 바닷물이 만나는 경계를 말하는데 한류와 난류가 만나는 곳이 대표적이지. 영양염류가 풍부하고, 한·난류성 어족이 모여 황금 어장을 형성하지. 우리나라는 북한 한류와 동한 난류가 만나는 동해에 조경 수역이 형성되어 있어. 매년

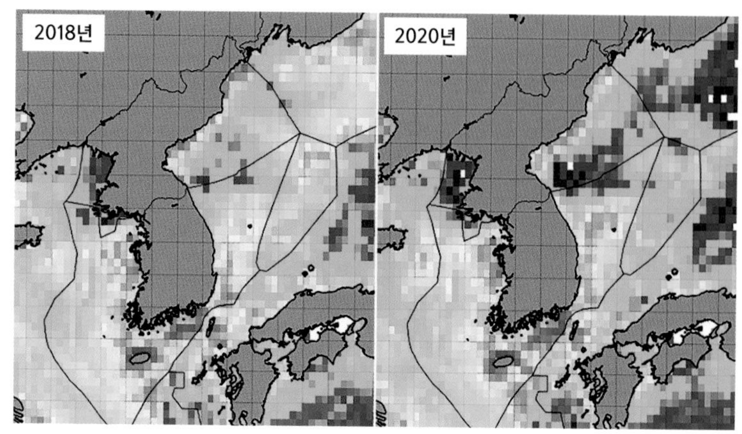

인공위성에서 관측한 연간 어선들의 위치

어류가 잡히는 곳이 조금씩 바뀌기는 하지만 말이야.

 대화퇴도 설명해 주세요.

음, 그래. '대화퇴'는 '야마토퇴'라고도 하는데 동해 중부에 있는 해저고원이야. 강원도와 경상북도를 합친 크기(3만 600제곱킬로미터)만 한데 영양염류가 풍부한 데다 난류와 한류가 교차하는 조경 수역이라 오징어, 꽁치 등이 두루 잡히는 황금 어장이야. 한때 오징어 어획의 60퍼센트까지 차지했던 곳이지. 참고로 퇴(堆, bank)는 대륙붕에서 불쑥 솟아 있는 해저지형을 가리키는 말이야.

그전에는 일본의 배타적 경제수역(EEZ)에 속했지만

1998년 한·일 신어업협정으로 대화퇴 중남부의 일부가 한·일 양국이 공동으로 관리하는 중간 수역으로 바뀌면서 양국 어선 모두 조업이 가능하게 되었어.

지구 온난화로 점점 뜨거워지는 바닷물

 잠시 물고기 이야기는 접고, 사진 한 장 보여 줄까?

 어떤 사진인데요?

 우리 바다의 표층 수온을 2019년 4월부터 2020년 3월까지 일 년 열두 달 인공위성에서 관측한 사진이야.

그동안 세계는 경제가 발전하고 인구가 늘어나면서 지구 온난화가 심해졌어. 말 그대로 지구가 더워지고 있다는 거지. 지난 100년간 전 세계 평균기온은 섭씨 1.55도, 표층 수온은 0.62도 상승했거든. 우리나라 해역은 더 심해. 최근 50년(1968~2017년)간 전 세계보다 약 2.2배 높게 상승했고, 최근 30년(1988~2017년)간은 전 지구 바다 평균 수온 상승률과 비슷한 수준으로 올랐지.

표와 그래프로 한번 볼까? 그러면 더 실감이 날 테니까.

전 세계와 우리나라의 상승 표층 수온 비교

	상승 표층 수온(℃)		
	전 세계(A)	우리나라(B)	비교(C=B/A)
최근 127년(1891~2017년)	0.65	–	–
최근 100년(1918~2017년)	0.62	–	–
최근 50년(1968~2017년)	0.52	1.12	2.2(배)
최근 30년(1988~2017년)	0.31	0.29	1.0(배)

자료 출처 : 국립수산과학원, 기후변화 연구과

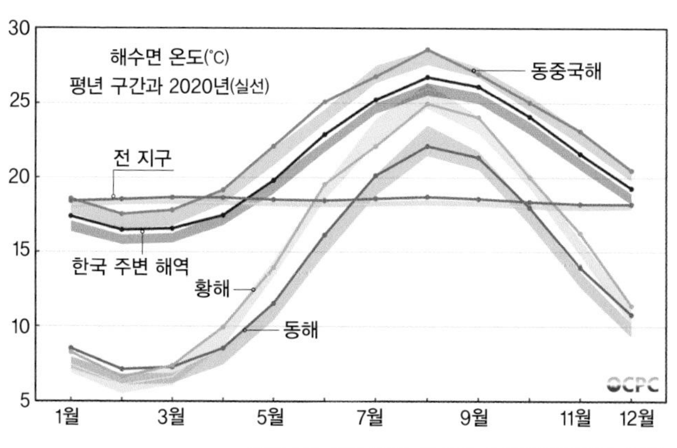

우리나라 주변 해역 해수면 온도의 변화(1월~12월)

 우리나라 바닷물 온도는요?

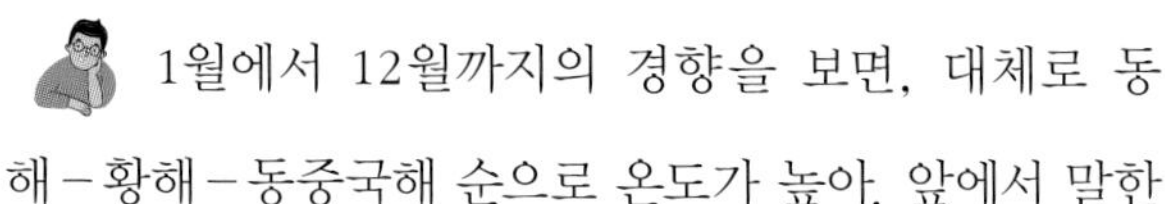 1월에서 12월까지의 경향을 보면, 대체로 동해–황해–동중국해 순으로 온도가 높아. 앞에서 말한

것처럼 최근 50년 동안 표층 수온은 약 섭씨 1.1도 상승했고, 동해역 1.7도, 남해역 1.4도, 서해역 0.3도 순으로 높게 상승했어. 최저 수온도 상승하고 있고. 이렇게 상승하다가는 무슨 일이 벌어질까 걱정스러워.

수온이 높아져 빙하가 녹으면 북극곰이 더 이상 북극에 살 수 없겠지요?

맞아. 그것도 그렇지만 지금 우리가 겪고 있는 기상 이변이 그냥 생기는 것이 아니라는 거야. 인구가 늘어나고 경제 상황이 좋아지면서, 인간 중심으로만 생각하며 사는 동안 지구는 몸살을 앓고 있었어. 그린피스에서 내게 보낸 메일을 보면 남극 생태계의 환경 지표종인 '턱끈펭귄'의 수가 1970년대 초에 마지막으로 집계된 이후로 개체 수가 60퍼센트나 감소했다는구나.

그럼 어쩌지요? 우리가 앞으로 대대로 살아가야 할 지구가 아프다면 보통 일이 아니잖아요.

그린피스에서는, 펭귄이 급변하는 기후에 적응하고 파괴적인 상업 활동에서 안전하게 살아가려면 '해양보호구역'이 필요하다고 목소리를 높이고 있어. 그래서 4월 25일을 '세계 펭귄의 날'로 정했다는구나.

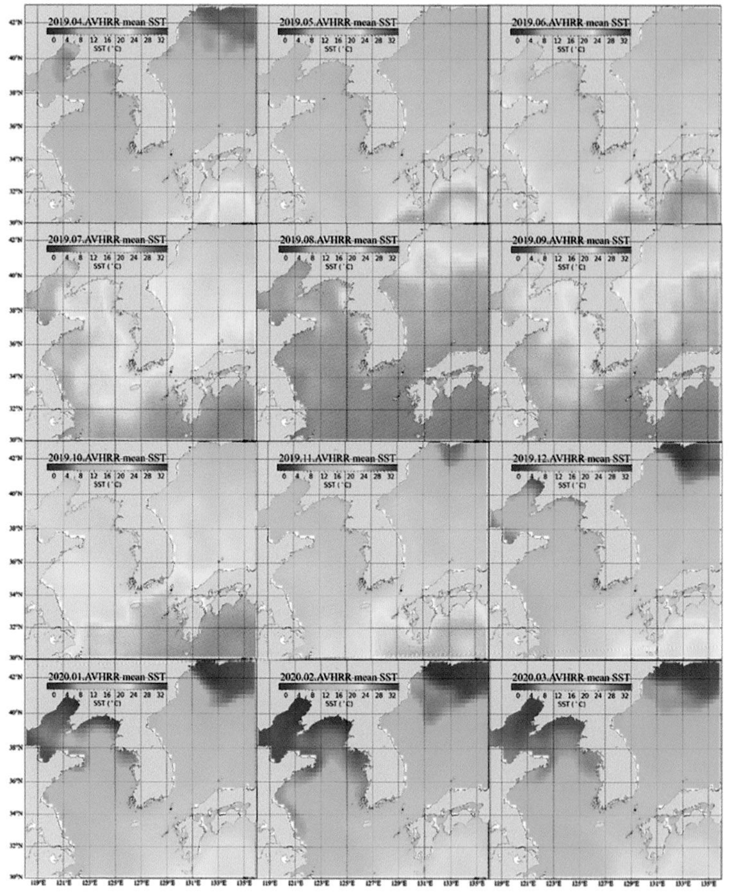

2019년 4월~2020년 3월 1년 동안 우리나라 주변 해역의 수온 변화

마지막으로 사진 하나 더 볼까? 1991년에서 2020년까지 평균 해수면 온도(해면 수온)의 분포와 변화를 보여 주

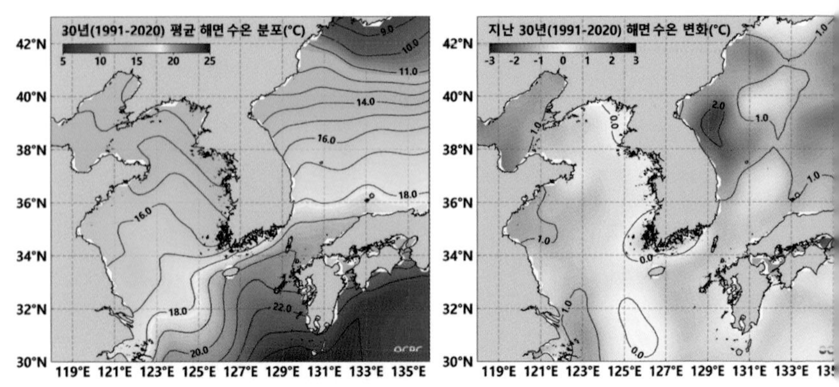

30년(1991~2020) 평균 해면 수온 분포와 변화

는데, 수온이 빨간색으로 바뀌는 부분이 늘어나고 있어. 나는 이 부분이 한여름의 열대야가 생각나 마음이 무겁구나.

으~ 견딜 수 없는 열대야! 그러니까 바다도 열대야를 겪고 있다는 거네요.

물고기들도 어디서 살지 고민 중

일부 어종의 어획량이 변한 원인이 과연 수온 상승과 관련이 있는지 연구해 볼 만한 자료도 있어. 1990년

이후 연근해 해역의 어획량을 보니까 고등어류·멸치·살오징어 등 난류성 어종이 증가하고, 명태·도루묵 등 한류성 어종은 감소하고 있구나. 한편으론 대구·청어 등 냉수성 어종이 오히려 증가하고 있고.

우리 바다에 사는 어종의 서식처 환경이 다양하고 복잡하기 때문인지 표층 수온 상승과 어업자원의 증가나 감소가 딱 맞아떨어지지는 않아. 그러니 우리 바다의 어업자원을 분석하고 관리하려면 어종별 생태 연구와 장기적인 자료 축적이 있어야겠지.

좀 전문적으로 말한다면 최근 자원과 해양 환경변화에 관한 연구는, 환경변화에 따른 각 어종의 생태학적 연구를 통해 어종별로 밝히는 것이 급선무라 알려져 있어. 그게 한국해양과학기술원과 국립수산과학원 등 연구원들이 할 일이야.

조금 어렵기는 해도 무슨 말씀이신지 알 것 같아요. 이제 바다별로 이야기 좀 해주세요.

동해 바다에서는 전갱이류·대구·청어 등이 증가한 반면 명태·꽁치·도루묵·살오징어 등은 감소했지. 명태는 마구잡이 때문인지 수온 변화 때문인지는 알 수 없지만 우리나라 동해안에서 자취를 감춘 지 제법 되었단다. 그래서 몇 년 전부터 인공 부화하여 키운 어린 명태를 동해에 방류하기도 했어.

엄마가 한국산 명태는 눈을 씻고 찾아봐도 없다고 한 말, 이제 이해돼요.

인환이가 제법이네. 한편 서해 바다에서는 멸치·살오징어 등은 증가했는데 참조기는 감소했지. 남해 바다에서도 살오징어·고등어류·멸치·갈치 등은 증가했는데 참조기 등은 감소했어. 이러한 어종의 어획량의 증가나 감소가 너무 많이 잡아서 자원이 감소한 것인지, 바다의 표층 수온이 상승해서 일부 어종의 자원량이 감소한 것인지 아직 그 원인을 단정하기는 힘들지만, 비상한 관심을 가지고 오랫동안 지켜볼 현상이기는 하단다.

와, 그런데 그런 걸 어떻게 알 수 있어요?

통계청에서 어업생산동향을 조사한 자료가 있기도 하고, 국내외 수산자원 전문가들의 연구 동향을 종합해 보면 알 수 있지.

아빠 말씀을 듣고 보니 지구가 정말 아픈 것 같은데, 어떻게 하죠?

우리가 할 수 있는 일을 해야 하겠지. 하지만 우리나라만 노력해서는 안 된단다. 전 세계가 함께 노력해야 해.

정말 문제가 심각하네요.

그래. 인구 증가와 경제 발전에 따른 탄소 배출량 증가가 지구의 육상·해양 생태계에 큰 영향을 미치게 된 건지도 모르지. 북극의 얼음이 녹고, 남극의 펭귄 개체 수가 줄어들고 있는데, 아직도 지구 온난화는 그저 기후 변화에 불과하다고 말하는 사람들도 있어. 과거에 빙하기가 왔던 것처럼 사람의 힘으로는 어찌할 수 없는 기후 변화라는 거지.

그들의 말이 전혀 근거 없는 것은 아니지만 분명한 것은 우리는 기후변화에 대비해야 하고, 회복될 수 없는 자연 훼손은 미래 세대를 위해서도 막아야 한다는 거야. 거기에 아빠 같은 과학자들의 역할도 있을 것이고. 아무튼 우리가 보아 온 물고기들도 지금껏 늘 살던 방식대로 살아왔는데, 몇몇 종은 지금 어디로 가야 할지 모르고 있는 것 같아 안타깝구나.

04

동해 바다에 사는 물고기들

껍질 맛이 일품인 임연수어

본격적으로 바다로 나가 볼까? 자, 떠나자~ 동해 바다로! 동해안에는 해수욕장이 많아. 그래서 사람들은 여름만 되면 동해 바다로 바캉스를 떠나고 싶어 안달하지. 우리나라 지도를 보면 강원도 고성, 속초, 양양, 강릉, 동해, 삼척에서 남으로 경북 포항 영일만까지 해수욕장이 즐비하게 늘어서 있어. 유명한 강릉 경포대 해수욕장도 있고, 6.25당시 상륙 작전이 있었던 영덕 장사해수욕장과 영일만 영일대해수욕장도 있지. 그런데 연안을 벗어나면 수심이 1000~2000미터로 굉장히 깊어.

아, 서해안이나 남해안과는 다르네요. 동해 바다에는 어떤 물고기들이 사나요?

동해의 서식 환경을 좋아하는 물고기들이 살고 있지. 아열대·온대 어종인 꽁치, 넙치, 감성돔, 조피볼락,

참가자미, 층거리가자미, 오징어를 비롯해 한대성 어종인 명태, 대구, 청어 등이 서식하고, 도루묵과 같은 심해어와 강과 바다를 오가는 연어, 송어, 은어, 황어도 함께 살고 있어. 동해안에서 사는 물고기 중에 인환이가 좋아하는 생선에는 뭐가 있을까?

음, 이면수요!

오호, 이면수? 진짜 이름은 '임연수어'라고 해. 옛날 임연수라는 사람이 이 물고기를 잘 잡아서 '임연수어'라고 이름 지었다고 하지. 노릇하게 구워 놓으면 껍질 맛이 일품이야. 인환이도 이 생선을 좋아한다니까 노릇하게 구운 껍질로 쌈을 싸듯 밥을 싸서 먹어 보렴. 오죽하면 "임연수어 껍질 싸 먹다 천석꾼도 망했다"란 옛말이 있었을까.

와, 천석꾼 부자가 망할 정도였다니! 그만큼 임연수어 껍질이 고소하다는 뜻이겠지요? 한번 먹어 봐야겠어요.

좋았어. 그건 그렇고 임연수어는 수심 20~250미터에서 수온이 낮은 바위나 자갈이 있는 암초 지대에 모여 살아. 바닥 생활을 주로 하고 부레가 없는 쥐노래미과

임연수어

에 속하지만, 임연수어는 특이하게 부레가 있어 자유롭게 떠다닐 수 있지. 정어리, 전갱이, 고등어, 명태 새끼 같은 작은 어류와 물고기알 같은 것을 먹어. 우리나라 동해안 중부 이북, 속초, 강릉, 삼척 연안에 흔하게 보인단다.

이름이 많은 물고기로 손꼽히는 명태

 또 좋아하는 물고기는 없니?

 명태요!

명태처럼 이름이 많은 물고기도 아마 없을 거야. 살아 있는 것은 생태, 얼린 것은 동태, 말린 것은 북어, 코다리, 먹태, 겨울철에 얼리면서 말린 것은 황태. 과거 우리 조상들은 명태 없이는 못 산다고 할 정도로 즐겨 먹었어. 오죽하면 그 '명태'를 주제로 시인이 시를 짓고 작곡

명태

가가 곡을 붙여 마침내 우리나라 대표 가곡이 되었을까. 그런데 지금은 우리 명태가 사라질 지경에 이르러 자원 회복을 위해 노력하고 있는 상황이 되고 말았어.

몸길이가 채 1미터도 안 되는 명태는 표층부터 수심 1200미터까지 사는 한대성 물고기야. 주로 겨울에 알을 낳는데 우리나라에서는 12월에서 이듬해 3월까지 동해안의 함경남도 마양도 근해, 강원도 원산에서 산란하는 것으로 알려졌어. 암컷 한 마리가 낳은 7만~200만 개의 알들이 바닷속에 흩어져 떠다니며 부화하는 거지.

명태는 차가운 물을 좋아하는군요.

명태라는 이름 유래에 대해 백과사전식으로 엮은 조선 시대 후기의 문신 이유권의 『임하필기』에 보면, 명천(明川) 사는 어부 태씨(太氏)가 동네 이름 명천의 명(明)과 자신의 성을 합쳐 명태(明太)라고 불렀다 하고, 함경도 삼수

갑신 농민들 사이에 그 물고기의 간을 먹으면 눈이 밝아진다는 말에 따라 명태라고 불렀다고도 하지. 여기서 문제! 명태가 낳은 알로 만든 젓갈은 뭘까? 또 새끼 명태는 뭐라고 부를까?

 새끼 명태가 노가리인 것은 알겠는데…….

 젓갈은 명란젓이라고 하지. 맛있는 젓갈이야. 또 명태 창자를 소금에 절여 담그면 '창난젓'이고.

입이 큰 물고기 대구

 이번에는 대구에 대해 알아볼까? 혹시 왜 대구라고 부르게 되었는지 아니?

 대구 사람들이 좋아하는 생선인가요?

 어이쿠, 그건 아니야. 입이 커서 한자로 대구(大口)라고 했다는구나. 명태와 비슷하게 생겼는데 몸 앞쪽이 두툼하며 뒤로 갈수록 납작하고, 위턱이 아래턱보다 앞으로 좀 튀어나왔지. 차가운 물을 좋아해서 어미는 수심 100~1200미터의 깊은 곳에서 살아. 그래서 동해에 많이 살고 황해에도 좀 살고 있지. 알은 겨울에 낳고 경북 영일

대구

만과 경남 거제, 진해 앞바다가 대구 산란장으로 유명해. 한 마리가 낳는 알은 150만~400만 개로 어마어마하지. 새끼는 수심이 깊은 동해 바다로 가서 살지만, 어미가 되어 알을 낳으러 돌아오는 개체는 별로 안 돼.

 대구가 명태보다 비싼가요?

그렇지. 옛날부터 임금님 수라상에 오르던 귀한 생선이었는데, 지금도 여전히 비싸. 대구는 단백질 함량이 높고 지방이 적은 대표적인 흰살생선이라 다이어트하는 사람들에게 인기가 많아. 아가미, 창자, 알로 젓갈을 담그니 하나도 버릴 게 없는 생선이지. 비타민 A가 많이 들어 있는 간은 의약품으로도 쓰고.

제가 보기엔 명태와 대구가 비슷비슷한데 어떻게 구별해요?

 그냥 눈으로 보기에도 명태보다 대구가 크고 넓적

한 데다 배가 불러. 결정적으로 턱의 생김새가 다른데, 대구는 위턱이 아래턱보다 긴 반면, 명태는 아래턱이 위턱보다 길지. 겨울이면 경남 거제시 장목면 외포항에서 대구 축제가 열리는데 기회가 되면 우리 한번 가 보자.

꽁치와 청어의 변신 과메기

 인환아, 저번에 먹은 과메기 어땠어?

 초고추장에 다시마나 김에 싸 먹는 것이 독특하고 너무 맛있었어요.

 그 과메기는 꽁치로 만든 거였어.

 네? 과메기를 꽁치로 만들어요? 전 과메기라는 생선이 있는 줄로만 알았는데, 헤헤.

 녀석하곤. 과메기란 겨울에 주로 잡히는 꽁치나

꽁치

청어 눈에 구멍을 뚫고 그 구멍에 실이나 나뭇가지를 매달아 보관하던 관목에서 비롯된 이름이라고 해. 여러 의견이 있겠지만, 꼬챙이처럼 생긴 물고기란 뜻에서 이름을 붙였다고도 하는 꽁치는 봄에 동해안으로 떼를 지어 몰려와서 모자반 사이에 알을 낳는단다. 그 습성을 이용해 모자반을 엮어 수면에 띄우고 기다리면 꽁치가 몰려들거든. 그러면 이때다, 하고 맨손으로 꽁치를 잡기만 하면 되지. 그래서 붙인 이름이 '손꽁치 어업'이야.

 와, 재미있겠네요. 저도 한번 잡아 보고 싶어요.

 꽁치는 등푸른생선이라 영양가가 높아. 몸길이는 30~40센티미터 정도이고 주둥이가 짧고 뾰족하지. 예전과 달리 우리나라 국민들의 육류 소비가 늘었는데 알다시피 육류 섭취는 성인병 발생 위험을 높인다고 하잖아? 돼지고기·소고기·닭고기 등 동물성 지방에 포함된 포화지방산은 실온에 둘 경우 고체 형태로 변하는 특징이 있고, 올리브유·참기름·견과류·등푸른생선 등에 포함된 불포화지방산은 실온에서도 액체 형태를 유지하지.

융점(녹는점)이 높은 포화지방산을 지나치게 많이 섭취하면 고체 상태로 혈관 벽에 축적되어 혈액순환을 방해

하고 콜레스테롤 수치를 높이지만, 불포화지방산이 이를 조절할 수 있다는 거야. 고등어, 참치, 꽁치와 같은 등푸른생선에 풍부한 EPA와 DHA 오메가-3 지방산이 바로 그 역할을 하는 거지. EPA는 동맥경화 예방 효과가 크고, DHA는 치매 예방과 항암 효과가 있고.

 네, 그렇군요.

포화지방산이 우리 몸에 필요 없는 성분이라는 얘기는 아니야. 콜레스테롤도 우리 몸에 꼭 필요하지. 다시 과메기 이야기를 해보자. 예전에는 꽁치가 아니라 '청어'로 과메기를 만들었어. 겨울철에 3~10일 동안 얼렸다 녹였다 하면서 바닷바람에 말리는 거지. 살이 많고 기름기도 많잖아. 그런데 청어 어획량이 줄면서 꽁치로 바뀌었다가, 다시 청어가 많이 잡히면서 요즘에는 청어로 만들고 있어. 꽁치가 맛없다는 건 아니지만 청어로 만든 과메기가 더 맛있다고들 하지.

청어는 몸 빛깔이 청색이라 붙인 이름이야. 값이 싸고 맛이 있어 가난한 선비들이 즐겨 먹었지. 동해안 산지에서는 회로 먹는데 다른 곳에서는 주로 구이로 먹어. 가시가 많아 좀 성가시긴 해도 말이야. 청어가 흔할 때는 청어알젓도 맛볼 수 있었지만 요즘은 보기 어려워. 청어알도 고급 식품이지. 청어에 함유된 양질의 단백질과 아미노산은 동맥경화와 심장병에 좋고, 필수아미노산의 일종인 메티오닌은 간 해독제로 이용되지. 비타민 B_1, B_2도 많고. 매년 11월에 포항 구룡포에서 과메기 축제가 열린단다.

청어

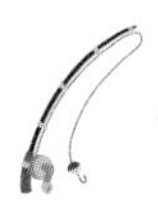

동해의 터줏대감 오징어 그리고 문어

이번에는 동해 오징어에 대해 알아볼까? 오징어는 표준명이 살오징어인데, 우리나라 사람들만큼 오징어를 좋아하는 사람들도 드물 거야. 예전에는 시외버스나 고속버스 정류장에서 표를 끊고 버스에 앉아 있으면, 구워서 뒤틀린 오징어를 들고 버스 안을 한 바퀴 돌면서 승객들에게 팔다가 버스가 떠나기 직전에 내리는 상인도 있었지.

요즘에는 어떤데요?

세상이 좀 변했어. 지구 온난화도 진행되고 있고. 어떤 해에는 서해안에서 오징어가 잡힌다는 보도 기사도 있었지. 원래는 동해에서 오징어나 문어가 많이 잡혔는데 말이지.

오징어는 낮에는 수심 100미터 정도 깊은 바닷속에 있지만, 밤이면 불빛을 좋아해서인지 바다 표면 가까이 떠올라. 그때 어부들이 집어등을 켜놓고 채낚기로 오징어를 잡지.

몇 년 전에 동해안으로 놀러 갔을 때 아빠가 밤바다에 환하게 불을 밝힌 배들이 오징어잡이 배들이라고 말씀해 주셨잖아요.

그래, 기억하는구나. 오징어는 본래 투명하지만 흥분하면 몸이 적색이나 다갈색으로 변하고, 죽으면 하얗게 변해. 머리와 몸통, 다리로 나뉘고 머리에 다리가 달려 있어 두족류에 속하지. 먹물이 있어 '묵어'라고도 한단다. 여기서 문제! 오징어 다리는 몇 개일까?

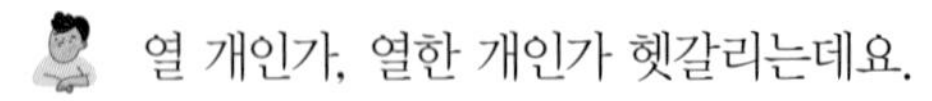

열 개인가, 열한 개인가 헷갈리는데요.

예전에는 오징어 다리가 몇 개인지 시험문제에 나오기도 했어. 오징어 다리는 더듬이팔(촉완) 2개까지 더해서 열 개! 오징어 하면 울릉도, 울릉도 하면 호박엿이 생각난다. 울릉도 오징어는 살이 두껍고 맛이 좋아 유명하지. 마른오징어 표면에 있는 하얀 가루는 '타우린'이라는 물질로 몸에 좋으니까 털어내지 않고 먹는 게 좋아. 단, 하얀 가루가 쉽게 떨어지거나 손에 묻으면 흰색 곰팡이일 수도 있으니 꼭 털어 내고.

오징어

오징어를 한자로 표기하면 오적어(烏賊魚)인데 까마귀 도적이란 뜻이야. 옛이야기에 오징어가 물 위에 죽은 척 둥둥 떠 있다가 까마귀가 달려들면 다리로 까마귀를 휘감아 물속에 끌고 들어가 먹는다는 거야. 믿기 어려운 이야기지. 어떤 사람은 오징어의 까만 먹물이 꼭 까마귀 같아서 까마귀 오(烏) 자를 붙여 오즉어(烏鯽魚)라 했다고도 해. 또 오징어는 왜 피가 없을까 생각할 수도 있는데, 오징어 같은 연체동물 피는 구리를 함유한 무색의 '헤모시아닌' 성분으로 산소와 결합하면 연한 푸른빛을 띤단다.

피가 없는 게 아니었네요. 참, 문어도 동해에서 잡혀요?

물론이지. 회로 먹거나 제사상에 올리는 문어도 동해에서 잡혀. 섭씨 10도 이하의 수온에도 살아서 '찬물 문어'라고도 해. 공포영화에 한 번씩 등장하는 문어는 연체동물 중 가장 크고, 다리에 두 줄로 난 빨판이 수백 개나 되니까 무섭기는 하지. 그런데 육지에 올라오면 힘을 쓰지 못해.

문어 하니까 예언자 문어 '파울' 이야기가 생각나요. 유럽축구선수권대회인 '유로 2008'부터 2010년 남아공 월드컵까지 90퍼센트 적중률을 보인 놀라운 문어요.

축구 찐팬 인환이는 축구 에피소드에도 척척박사네! 그때 축구를 좋아하는 사람들은 다 놀랐었지. 우리나라 동해에는 문어(대문어)와 참문어(왜문어)가 있어.

여기서 잠깐, 이 세상의 모든 생물은 나름의 생존 전략을 지니고 있단다. 그 가운데 종족 번식을 위한 생물의 다양한 방식은 우리의 상상을 뛰어넘지. 지금의 주인공 문어를 예로 들어볼까? 짝짓기한 뒤 수컷은 얼마 지나지 않아 죽고, 암컷이 몇만 개의 수정란을 바위틈이나 후미진 곳의 돌에 붙이고선 먹이도 안 먹고 알 주위로 기다란 발을 흔들어 알들에 산소를 공급하고, 부화한 새끼들이 떠나면 죽는다고 해.

참문어

그 유명한 강에 사는 가시고기는 수컷이 알과 새끼를 보호한다고 하는데, 저마다 종족을 잇기 위한 전략이 있는 거네요.

아참, 그걸 깜빡했네. 오징어가 적을 속이고 달아나기 위해 뿜어내는 검은 먹물은 멜라닌 색소인데, 연구 결과 항암 효과가 있다고 하는구나. 그전에는 그냥 버렸거든.

이 세상에 쓸모없는 것은 하나도 없다, 이 말씀이지요?

그렇지. 사람이고 식물이고 동물이고 이 세상 모든 생물 가운데 쓸모없는 것은 하나도 없어.

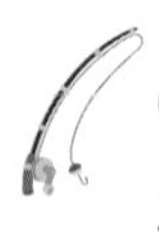

말짱 도루묵? 생김새는 볼품없어도 몸에 좋은 도루묵

다음 물고기는 동해안에서 '도루매이', '도루맥이', '활맥이', '환목어', '돌메기', 함경도에서는 '은어'라고 부르는 도루묵이야. 수명은 5~7년 정도이고 어린 멸치, 명태 알, 해조류, 요각류, 플랑크톤을 먹고 살지.

도루묵, 많이 들어 봤는데 어떻게 생겼나요?

흠, 내 이야기를 들으면 금세 떠오를 거야. '말짱 도루묵'이라는 말이 있는데, 조선시대 선조 임금과 관련된 이야기지. 임진왜란 때 선조가 북쪽으로 피난을 가다 어느 어부가 올린 '묵'이라는 생선을 먹어 보니 맛이 좋은 거야. 그래서 "이렇게 맛있는 생선 이름이 '묵'이 뭐냐? 앞으로는 '은어'라고 부르도록 해라!" 그랬지. 드디어 전쟁이 끝나고 한양 궁궐에 돌아온 뒤, 선조는 어느 날 문득 피난길에서 맛있게 먹었던 은어를 생각해냈어. 그런데 다시 먹어 봤더니 맛이 너무 없어서 "도로 묵이라고 해라"고 했다는 이야기가 있지. 사실 이 이름의 유래에 대해서는 의견이 분분하여 확실하진 않아. 아무튼 이 '도로 묵'이

'도루묵'이 되고, 앞에 '말짱'이라는 단어가 붙어 '말짱 도루묵'이라는 말도 생겼어.

도루묵

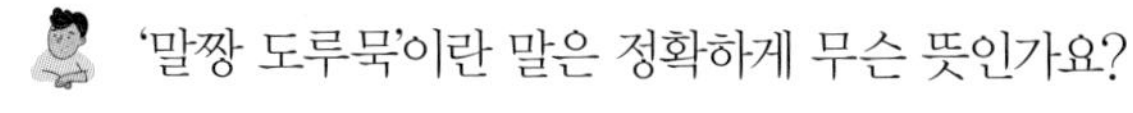

'말짱 도루묵'이란 말은 정확하게 무슨 뜻인가요?

공들여 노력한 일이 아무 보람도 없이 소용없게 되어 처음의 상태로 되돌아갔을 때 쓰는 말이지.

도루묵은 수심 200~500미터 깊이의 모래가 섞인 펄 바닥에 살다가 11월 하순에서 12월 중순, 알 낳을 때가 되면 바다풀이 무성한 10미터 이내의 동해 연안으로 몰려온단다. 무성한 바다풀에 끈끈한 점액으로 뭉쳐진 알 덩이를 낳아 붙이지. 이때 통발을 이용해 잡는데 즉석에서 구워 먹기도 하고 조림으로도 해 먹어. 불포화지방산인 EPA, DHA가 풍부해 어린이 두뇌 발달과 성인병 예방에 좋아. 또 인을 함유해 뼈에도 좋다고 알려져 있고, 마지막으로 다이어트에도 좋다고 하네.

아빠, 그렇게 빨리 말씀하시면 숨이 안 차세요?

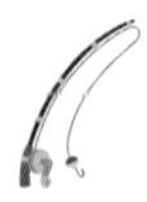

봄과 함께 고향으로 돌아오는 황어

이번에는 황어에 대해 알아볼까? 황어는 연어처럼 하천에서 태어나 바다로 내려가 살다가 산란기에 떼를 지어 고향 하천으로 돌아오는 회귀성 어류야. 몸길이는 50센티미터 정도이고 옆으로 납작하지. 옆구리와 배는 은백색이고 등 쪽은 노란 갈색이나 검은빛을 띠고 있어. 비늘 빛깔이 순황색이라 황어라는 이름을 붙였지.

언제 알을 낳아요?

황어가 올라오면 봄이 올라온다는 말처럼 3~5월에 낳는데, 산란기인 봄철에는 붉은빛 혼인색을 띠고 몸 옆면에 검은색 세로띠가 나타난단다. 수컷은 붉은빛이 선명하고, 몸 전체에 원뿔 모양의 돌기가 나타나지.

혼인색요?

짝짓기를 하기 전에 수컷의 몸 색깔이 변하는 것을 말하는데 알을 낳기 위해 강으로 올라오는 연어는 등이 푸른 몸 색이 변해 검은빛을 띤 붉은색이 돼. 큰가시고기는 등 쪽은 푸르고 배 쪽은 붉은색, 피라미는 머리 쪽이 붉은 갈색, 뒷지느러미는 주황색을 띠지. 모래와 자

갈이 깔린 얕은 하

천 중상류에 황어

수컷이 바닥을 파서 산란

황어

장을 만들면 암컷이 거기에 알을 낳아.

 언제가 제철인가요?

 다른 물고기는 산란기가 좋다지만, 황어는 한겨울에 잡힌 것이 맛이 가장 좋아.

성 베드로의 손자국이 선명한 달고기

 다음 물고기는요?

잘 들어 봐. 달고기는 흰살생선으로 맛이 일품이야. 담백해서 한때는 넙치회를 대신할 정도였어. 그냥 생긴 것만으로 무시했다가는 그 맛을 놓치게 된다고 해. 지중해 국가들과 오스트레일리아에서 으뜸으로 치는 물고기야. 성 베드로가 이 물고기를 잡았을 때 구슬프게 울어 손가락 자국만 남기고 돌려보내서 '성 베드로의 물고기'라는 별명이 붙었다고도 하네.

 독특한 생선 같은데, 값이 비싸겠어요.

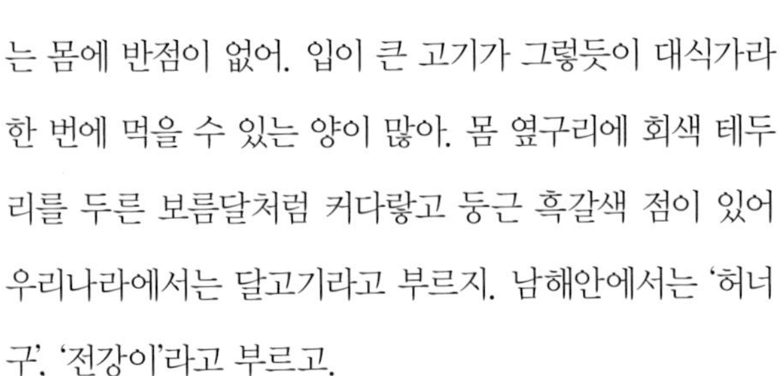

달고기

그렇지. 좀 비싼데, 그 이유가 머리와 내장이 몸 전체의 3분의 2를 차지하기 때문이야. 몸은 은회색을 띤 납작한 타원형이고 등지느러미 줄기가 길지. 사촌 격인 민달고기는 몸에 반점이 없어. 입이 큰 고기가 그렇듯이 대식가라 한 번에 먹을 수 있는 양이 많아. 몸 옆구리에 회색 테두리를 두른 보름달처럼 커다랗고 둥근 흑갈색 점이 있어 우리나라에서는 달고기라고 부르지. 남해안에서는 '허너구', '전강이'라고 부르고.

주로 어디에 사나요?

잡으러 가려고? 우리나라 전 연안에서 만날 수 있지만 난류 영향을 받는 해역, 특히 남해역, 독도와 울릉도에서 자주 만날 수 있지.

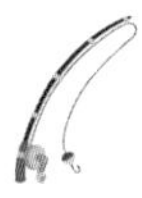

거친 피부로 기생충을 막는 '바다의 의사' 개복치

 다음에는 어떤 물고기를 만날까요?

개복치라고, 바다에서 만날 수 있는 물고기 가운데 덩치가 크고 생김새가 아주 독특해. 몸길이는 3미터가 넘고 몸무게는 2톤이 넘어. 이름이 좀 그렇긴 한데, '개복치'의 학명인 몰라(*Mola*)는 라틴어로 맷돌을 뜻해. 학명을 참 잘 지었어. 맷돌처럼 둥글고, 회색인 데다 피부도 거칠거든. 영어 이름은 선피시(sunfish), 태양의 물고기야. 수면에서 옆으로 누워 일광욕을 즐겨서 붙인 이름이라고 하지.

한번도 들어본 적 없는 물고기예요.

부산이나 경주에서는 '안진복', 포항은 '고래복치', 영덕에서는 '골복짱이'라고 부른다고 나와 있네. 복어과 물고기라는 '복치'와 어떤 생물보다 좀 못해

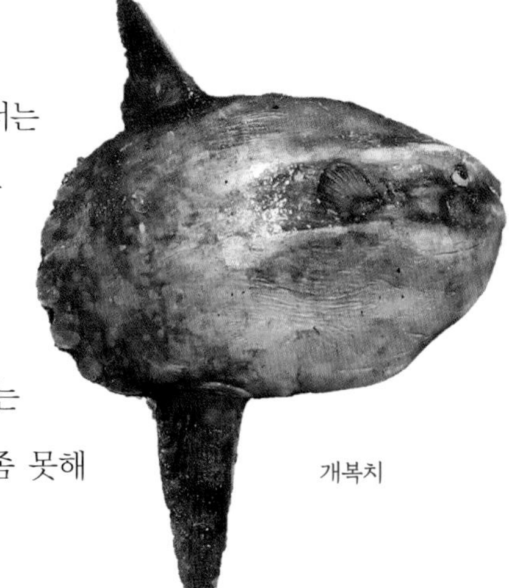

개복치

낮추어 부르는 '개'를 붙여 개복치라고 불리게 되었지.

 너무 괴상하게 생겼어요.

 좀 무섭게 보이지? 개복치는 사람들이 무서워하는 해파리를 잡아먹어. 피부가 튼튼하고 질겨서 해파리의 독이 통하지 않거든. 마치 독사의 독이 돼지비계를 뚫지 못하는 것처럼 말이야. 아무튼 개복치를 먹으려면 전기톱을 사용해야 할 정도로 질겨. 그런데 이 거친 피부에 작은 물고기들이 다가와 문지르기만 하면 기생충이 다 떨어진다는 것, 그래서 '바다의 의사'라고 불린다는구나.

 보기에는 좀 그래도, 괜찮은 물고기네요.

 그래, 눈에 보이는 게 전부는 아니지. 개복치는 눈, 입, 아가미구멍이 유난히 작고 꼬리지느러미가 없어. 마치 몸 뒤가 토막 난 모양새지. 한 번에 1억 개가 넘는 알을 낳기 때문에 알을 가장 많이 낳는 종으로도 유명한데, 동해에서는 6~10월 사이에 알을 낳는다고 알려져 있어.

번식 습성이 독특한 가시망둑 무리

동해, 남해 연안 갯바위에서 흔히 낚시로 잡을 수 있는 가시망둑(*Pseudoblennius cottoides*)은 이름은 '~망둑'이지만 분류학적으로는 망둥어류와는 거리가 먼 둑중개과(Cottidae)에 속한다. 이 종은 항문 뒤에 가느다란 관을 달고 있어 부산의 동네 꼬마 낚시꾼들은 '좆쟁이'로 부르곤 한다. 낚시로 쉽게 잡히는 '잡어'이지만, 조개 몸속에 알을 낳는 민물고기 납자루류와 번식 습성이 닮은 신기한 종이다.

이 종은 산란기가 되면 항문 뒤에 1~1.5센티미터 길이의 산란돌기(교미기, 수컷)와 산란관(암컷)이 발달한다. 알을 낳기 전에 교미를 하여 수컷은 산란돌기를 통해 암컷의 몸속에 정자를 넣어서 알을 수정시킨다.

그 후 암컷은 산란 직전 돌멍게 옆에 가만히 있다가 재빨리 자신의 산란관을 돌멍게 출수공 속에 밀어 넣고 입을 벌린 채 몸을 떨면서 불과 몇 초 만에 수정란을 낳는다. 출수공 속에 알을 낳는 것은 부화 후 새끼들이 밖으로 나오기 쉽게 하기 위해서일 것이다. 멍게의 입수공은 먹이를 걸러내기 위해 바닷물이 계속 안쪽으로 들어오므로 부화 후 새끼들이 밖으로 나오기가 쉽지 않기 때문이다. 다시 말해 체내에서 수정된 알이 부화할 때까지 개멍게 몸속에 넣어 보호하는 것이다. 개멍게 몸속의 수정란은 약 보름 만에 부화하며 몸길이 6~7밀리미터의 새끼들이 개멍게 몸 밖으로 나온다.

가시망둑 외에도 둑중개과(횟대류)에 속하는 돌팍망둑(*Pseudoblennius percoides*), 창치(*Vellitor centropomus*), 돌망둑이(*Pseudoblennius marmoratus*) 등은 몸길이가 15센티미터 내외로 해조류(바닷말)가 무성한 얕은 연안에서 작은 물고기, 새우 등을 잡아먹고 사는 육식성 어종이다. 이들은 모두 개멍게, 군체멍게류, 해면 등의 몸속에 자신의 수정란을 낳는 유사한 산란 습성이 있다.

이들은 어종별로 수정란을 맡기는 대상 종이 다르고, 수정란을 맡기는 멍게, 해면 등 대상 생물의 형태에 따라 암컷 산란관의 길이도 조금씩 달라진다. 같은 과에 속하면서도 동해 깊은 바다에 사는 빨간횟대(*Alcichthys alcicornis*)는 바위 위에 알을 낳아 붙이는 종이라 위의 종들과는 달리 암컷의 산란관이 길지 않다.

아무튼 가시망둑에게는 자신의 알을 노리는 다양한 포식자들과 함께 살고 있는 얕은 연안에서 개멍게나 해면처럼 단단한 껍질과 입구가 좁고 이동이 없는 생물체는 자신의 알을 맡겨(?) 보호하기에 최적의 장소였을 것이다.

1	2
3	4

1. 가시망둑
2. 개멍게(가운데 까만 구멍이 출수공)
3. 수컷의 생식돌기
4. 암컷의 산란관

05

서해 바다에 사는 물고기들

회유성 어종이 풍부한 서해

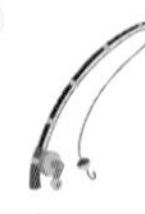

우리나라 서해안처럼 밀물과 썰물의 차가 큰 바다에서는 배를 조종하기가 어려워. 밀물과 썰물의 차를 '조차'라고 하는데 이 조차가 크면 일반적으로 물의 이동이 빠르다는 뜻이야. 하루에 두 번씩 밀물과 썰물이 발생하는데 주기는 12시간 25분이지.

밀물이나 썰물 때 바닷물의 흐름에 따라가면 굳이 노를 젓지 않아도 배가 움직여. 그런데 반대 흐름으로 바뀌면 아무리 노를 저어도 배가 앞으로 나아가지 못하고 뒤로 밀리게 되지. 요즘이야 엔진으로 배를 움직이니 이런 일이 일어나지 않겠지만 알고 있으면 좋을 거야.

서해 바다는 연안에 갯벌이 넓게 발달하고, 수심이 평균 44미터인데 조심해야 할 점이 있어. 조개나 낙지를 잡기 위해 갯벌 깊숙이 들어가 있다가 언제 사고를 당할지 모르거든.

아, 갯벌에 들어갈 때는 반드시 물때를 알아야 하는군요.

그렇지. 언제쯤 물이 들어오고 나오는 줄 알아야 해. 물때는 낚시하러 갈 때도 보아야 하지만 해루질하러 갈 때도 보아야 하지. 해산물을 캐거나 잡는 재미에 빠져 밀물이 들어오는 것을 미처 모르면 큰일 날 수 있단다. 밀물이 들어오는 속도는 상상 이상이야. 서해안은 시속 10킬로미터가 넘는 곳도 있다고 해. 반드시 밀물과 썰물 때를 확인해서 물이 들기 한 시간 전에는 나와야 사고를 당하지 않아.

조심해야겠네요. 그런데 해루질이 뭐예요?

낮에도 하지만, 주로 밤에 물 빠진 바다 갯벌에서 랜턴이나 등불을 밝히고 어패류를 채취하거나, 불빛을 보고 달려드는 물고기를 잡는 걸 말하지.

서해 바다에는 어떤 고기들이 사나요?

수심이 얕고 계절에 따라 수온 변화가 심한 서해에는 봄이면 연안을 따라 북쪽으로 이동하면서 산란·회유하는 참조기, 보구치 등 민어류가 살고 있지. 그뿐 아니야. 말뚝망둥어, 풀망둑 등 갯벌에 사는 어종과 참홍어, 조피볼락, 농어, 넙치, 전어, 준치, 반지, 까치상어, 뱅어, 황복 등도 살고 있어.

두 눈이 몸의 왼쪽으로 쏠린 광어(넙치)

이 중에 네가 좋아하는 것은…… 광어?

맞아요! 광어에 대해서도 알려 주세요.

좋아. 표준명이 넙치인 광어는 맛있는 생선이지. 두 눈이 몸의 왼쪽으로 쏠려 있어 생김새가 비슷한 가자미와는 달라. 가자미는 눈이 오른쪽으로 쏠려 있지. 그래서 '좌광우도'(좌넙치 우가자미)라고 외우기도 하고, 오른쪽 가자미(세 글자끼리), 왼쪽 넙치(두 글자끼리)라고 외우기도 해.

입은 대체로 가자미(도다리)보다 큰 편이지. 양턱에는 강한 송곳니가 있고, 봄에 가까운 연안으로 나와 밤에 알을 낳아. 알에서 깨어난 새끼는 두 눈이 양쪽에 있어 보통 물고기와 같지만 자라면서 오른쪽 눈이 왼쪽으로 옮겨간단다.

넙치

넙치와 가자미를 구별하는 법에 대해 좀 더 확실히 알아볼까? 물고기 머리를 아래로 놓고 정면에서 바라보았을 때, 두 눈이 몰린 방향이 왼쪽이면 넙치, 오른쪽이면 도다리라는 거지. 그런데 세상에 예외 없는 규칙은 없다는 것! 이 방법으로 구별이 어려우면 두 번째 방법을 써야지. 주둥이와 이빨을 보는 방법인데, 넙치는 입이 크고 이빨이 날카롭지만, 가자미는 입이 작고 입술이 두껍다는 것! 그런데 어느 것이 더 비쌀까? 광어는 양식이 가능하지만, 강도다리를 제외한 대부분의 가자미는 성장 속도가 느려 양식을 하기에는 경제성이 떨어져. 그래서 일부 가자미 종류들은 양식 넙치보다 비싸게 팔린단다.

으~ 저는 도다리와 가자미가 다른 물고기인 줄 알았어요.

이제라도 알았으니 됐어. 중국에서는 광어를 비목어, 또는 비목동행이라고 했지. 동쪽 바다에 사는 비목어(比目魚, 눈이 이웃한다는 의미)는 눈이 한쪽으로 쏠려 있기에 두 마리가 좌우로 달라붙어야 제대로 헤엄칠 수 있다고 해서 비목동행(比目同行), 늘 함께 다니는 연인이라 불렀던 거야. 일본에서는 광어를 '히라메'라고 하는데 비슷한 뜻이지.

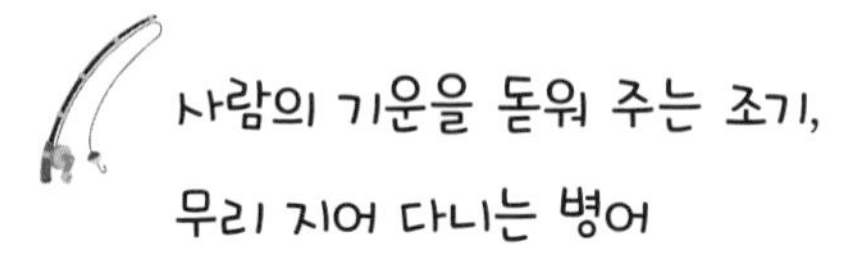

사람의 기운을 돋워 주는 조기, 무리 지어 다니는 병어

 조기에 대해서도 이야기해 주세요.

조기는 살이 연하면서 비리지 않고, 사람의 기운을 돋워 준다고 해서 이름을 도울 조(助), 기운 기(氣)를 써서 조기(助氣)라고 지은 것 같아. 단백질이나 지방, 무기질 등 영양소를 갖추고 있는 흰살생선이라 비린내가 나지 않으니 아이들도 좋아하지. 전에는 제사상에 조기가 빠지면 제사를 못 지낸다고 할 정도로 중요했는데, 요즘도 제사 지내는 집은 다 그럴 거야.

우리나라 서해안에서 주로 잡히는데 노란색이 도는 참조기는 5~6월경 산란 직전이 가장 맛있다고 하네. 그런데 국산 참조기 어획량이 많이 줄었어. 하긴 안 그렇다면 이상하겠지. 산란하고 난 뒤에 잡거나 치어를 길러 방생

참조기

하는 것도 아니니까 개체 수가 줄어들 수밖에 없지. 아무튼 요즘은 알밴 어미 참조기는 먹기 힘들지만, 새끼들은 많아. 또 모양이 비슷한 수조기나 부세가 참조기 시장에서 팔리고 있지. 혹시 참조기에 소금을 뿌려 절인 뒤 해풍에 말린 것을 뭐라고 부르는지 아니?

 잘 모르겠는데……, 뭔데요?

힌트! 전라남도 영광에서 잡아 500년간 명성을 이어왔는데, 24절기의 여섯 번째 절기인 곡우(4월 20일 무렵) 사리 때 칠산 앞바다에서 잡은 알배기 참조기로 만든 것을 최고로 친다고 하네. 아, 한 번씩 TV에도 나오잖아. 영광○○ 하면서.

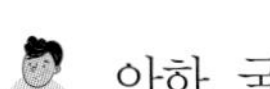 아하, 굴비요! 굴비를 많이 안 먹어 봐서 그래요.

하하하, 녀석도. 참조기는 옛날처럼 석쇠에 굽거나 양념을 해서 찜으로 먹기도 하고, 무를 깔고 조려 먹기도 하고, 찌개로 끓여 먹어도 아주 맛있지.

병어

맛이 좋고 뼈가 연한 생선에 '병어'도 있는데 흰살생선이라 부드럽고 달콤해서 버터 피시(butter fish)라는 별명도 있어. 어린이나 노인, 환자의 원기 회복에 좋아, DHA, EPA가 풍부하게 함유되어 있어 심혈관질환 예방 등 성인병에 좋아. 라이신과 트레오닌이 들어 있어 단백질 보충도 되고. 그뿐만 아니라 비타민 A가 많아 피부 건강을 지키는 데 효과적이야.

병어는 생김새가 목이 좁은 병처럼 생기고, 물속에서 무리 지어 몰려다니는 모양이 병졸 같다고 해서 병어(甁魚, 兵魚)란 이름이 지어졌다고 하네. 전남에서는 병치, 경남에서는 벵에, 서해안 지역에서는 몸이 납작하다 하여 '편어'라고 부르기도 했지. 따뜻한 바다를 좋아해 봄에 서해역이나 남해역에 몰려오는데, 초여름에 특히 맛이 있어. 병어는 초장보다는 양념 된장에 찍어 먹으면 고소해서 인기가 많아. 조상님들도 좋아하셔서 전남 일부 지방에서는 제사상에 올리기도 하지.

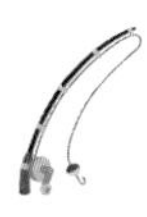

미끈하고 기품 있는 숭어

숭어는 어떤 물고기인가요?

우리나라 전 연안에서 만날 수 있는 숭어는 강과 바다가 만나는 곳에 많고, 어릴 때는 강을 거슬러 오르기도 하지. 숭어는 높이뛰기 선수처럼 물 위로 잘 뛰어오르는데, 수면에서 비스듬히 1미터 이상을 뛰어오르기도 해. 몸은 전체적으로 둥글고 길며 머리는 납작한 편인데 몸길이가 보통 50센티미터 전후이지만 최대 1미터까지 성장하지. 외모만 보아도 미끈하고 기품도 있어. 그래서 빼어날 수(秀)를 붙인 '수어'라는 이름이 변했다고 해. 맛이 좋아서 제사상과 임금님 수라상에도 올랐지. 숭어와 사촌지간인 가숭어도 있어.

슈베르트의 가곡에 '숭어'도 있는데…….

어쩌지? 슈베르트의 '숭어'는 사실 '송어'가 맞단다. 어수선한 사회에서 간교한 사람들을 은유적으로 표현한 가사인데, 일제 강점기에 번역이 잘못되어

숭어

불린 이름이지.

숭어는 커가면서 이름이 다른데 서남 해안가에서 큰 것은 숭어, 작은 것은 '눈부럽떼기'라고 해. 6센티미터 정도면 모치, 8센티미터 정도면 동어, 크기가 커지면서 글거지, 애정이, 무근정어, 무근사슬, 미패, 미렁이, 덜미, 나무래기, 모쟁이, 숭애, 언지…… 오래전부터 불렸던 이름이 지방마다 너무 많아.

 굉장한 인기로군요.

 응, 그렇지. 그런데 재미있는 것은 겨울에 눈에 기름눈꺼풀이 생겨서 앞을 잘 보지 못한다는 거야. 이때 물가로 나오면 작대기로 두드려 잡기도 해.

가을에 풍미가 뛰어난 전어

 인환아, 음, 전어라는 생선 먹어 봤지?

 네, 작년에 먹었잖아요.

 가을 전어, 가을 전어! 하면서 말이지? 봄 숭어, 가을 전어라는 말이 있듯이 가을이면 고소한 맛이 더해져 아주 인기가 많아. 몸길이는 25센티미터 정도이니 그

리 크지 않고, 남해 안에서는 완두콩만 한 크기의 밤이라 불리는 위로 만든 전어밤젓, 통째로 담근 전어젓이 유명하지. 전남 광양시 진월면 망덕포구에서는 해마다 9월에 전어 축제가 열린단다.

전어

저도 전어에 관한 속담 하나 알아요. "전어 철이면 집 나간 며느리도 돌아온다."

음, 그래. 가을 전어가 그만큼 맛이 좋다는 것을 빗대어 한 얘기지. 전어는 계절에 상관없이 잡히는데, 유독 가을 전어 맛이 뛰어난 데는 이유가 있어. 봄에 알에서 깨어난 새끼가 여름 내내 강과 바다가 만나는 곳에 풍부한 영양염류를 먹어 지방 함량이 높지. 또 살과 뼈가 부드럽고 연해서 뼈째 먹어도 맛있거든.

귀한 생선이군요.

아니야, 옛날에도 귀한 생선은 아니었어. 고등어나 갈치처럼 흔했지. 잔가시가 많아 먹기 불편해서 회나 구이로 많이 먹었는데, 언제부터인가 가을을 상징하는 물고기가 되었어.

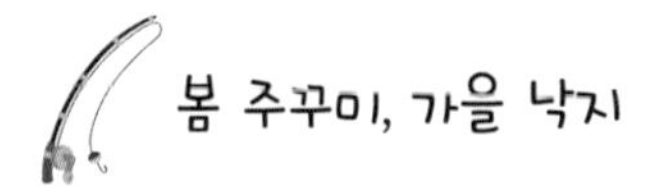

봄 주꾸미, 가을 낙지

'봄 주꾸미, 가을 낙지'라는 말이 있는데, 주꾸미는 봄에 맛있고 낙지는 가을에 제맛이 난다는 뜻이야. 주꾸미는 초봄이 산란기인데 알이 가득 차서 맛이 기가 막히지. 모양이 비슷하지만 더 큰 것으로 낙지가 있어. 『자산어보』에는 낙지에 대해 "살이 희고 맛은 달콤하고 사람의 원기를 북돋운다"고 기록되어 있지.

『자산어보』요? 조선의 뛰어난 실학자 정약용의 형님이신 정약전 선생이 천주교 신자라는 이유로 흑산도에 유배되어 생활하면서 그곳 바다 생물에 대해 썼다는 해양생물학 백과사전 말이지요?

응, 맞아. 자산은 흑산도를 가리켜. 형제는 나주 성북 율정점에서 헤어져 한 사람은 강진으로, 또 한 사람은 흑산도로 가야 했지. 정약전은 정약용의 둘째 형이자 멘토였는데, 헤어질 때 쓴 시를 보면, 문 앞길이 두 갈래로 갈라진 것을 원망하고 있어. 한 뿌리에서 태어나 낙화처럼 흩어지게 됨을 서러워하고. 아무튼 두 사람은 후일을 기약하면서 헤어졌는데, 그것으로 마지막이었어. 서신으로 서로의 안부를 물으며 건강을 염려했지만, 다시는 만날 수 없었지.

아무튼 정약전의 유배 생활은 감옥과 달리 어느 정도 자유가 있었던 모양이야. 어슬렁거리며 섬을 돌아다닐 수도 있고. 그러던 어느 날 정약전의 눈에 성리학이나 천주학 대신 흑산도 앞바다와 물고기, 사람들이 들어왔을 테지. 바다에 물고기는 많은데 이름이 알려진 것이 적다는 것을 알게 된 건 시간이 좀 흐른 뒤고. 그래서 마을에 사는 어부들에게 궁금한 것을 하나씩 묻게 되었어. 드디어 섬에서 나고 자란 장덕순(일명 창대)이라는 청년, 즉 조력자가 나타나 그의 도움을 받아 어보, 즉 해양생물학 백과사전을 집필했지. 총 220여 종의 해양생물 이름이 있는데 고유어나 흑산도 방언으로 표기된 것들도 많아.

 아빠 설명을 들으니까, 꼭 영화를 보는 것 같아요.

 인환아, 낙지나 주꾸미는 어때?

 살아서 꿈틀대는 것이 징그러워요.

나도 좀 그래. 산낙지를 통째로 먹다가 위험에 빠진 사람도 있었어. 낙지는 살짝 익혀 연할 때 먹는 게 좋아. 세발낙지라 부르는 어린 낙지도 횟감으로 인기가 높지.

 발이 세 개인가요?

 아니, 어린 낙지의 발이 가늘다고 세(細)발낙지야. 낙지, 오징어, 문어는 저지방에 저열량 식품이면서 소나 돼지처럼 단백질도 많아. 그 속에는 혈중 콜레스테롤을 억제하는 타우린 성분도 많이 들어 있고. 예전부터 고혈압이나 심장병 질환에 좋아 낙지나 문어를 푹 고아 먹었다고 하는데 전혀 근거 없는 얘기가 아니었어. 글쎄, 한여름 무더위로 쓰러져 가는 소에게 낙지 한 마리를 먹였더니 금세 벌떡 일어났다는 거야. 참, 주꾸미는 어떻게 잡는지 아니?

낙지

 아니요. 낚시나 그물로 잡는 것 아닌가요?

그것도 맞지만, 조개나 소라(표준명 피뿔고둥) 껍데기로 잡아. 산란철인 봄이면 주꾸미는 알을 낳으려고 소라 껍데기를 산란방으로 선택하지. 그즈음에 어부들은 소라 껍데기를 줄에 엮어 바다에 던져 놓거든. 수정을 끝낸 암컷 주꾸미는 소라 껍데기 속으로 들어가 그 안벽에

알을 낳아 붙인 뒤 입구에서 포식자로부터 알을 지키면서 다리를 휘휘 저으며 산소를 공급해.

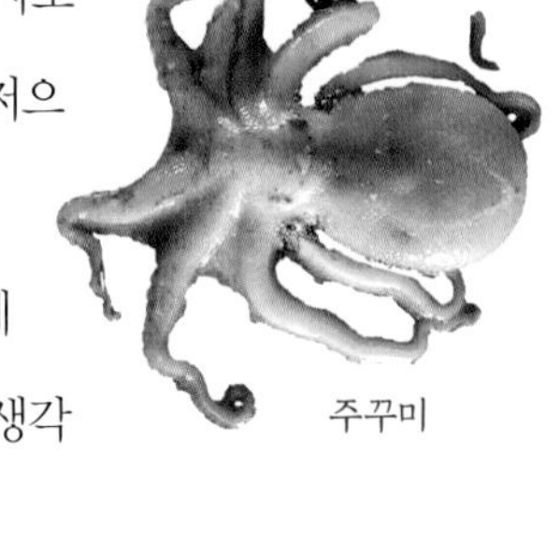
주꾸미

우와, 대단하네요. 어떻게 소라 껍데기 속에 알을 낳으려고 생각했을까요?

주꾸미는 원래 후미진 바위틈이나 소라 껍데기와 같은 비좁은 공간을 파고 들어가는 성질이 있거든. 산란하는 장소 또한 자기들이 익숙한 곳이면서도 포식자에게 알을 지킬 수 있는 장소를 선택한 거야. 자연에 기대어 살아가는 생명체는 정말 신비로운 부분이 많아. 아무튼 우리가 주꾸미 머리라고 생각하는 것은 몸이고, 다리와 몸 사이에 머리가 있어. 여덟 개 다리 가운데 입이 있고.

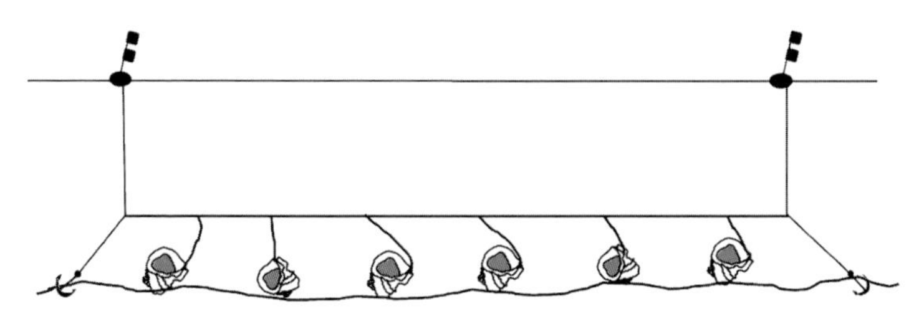
주꾸미 소호(작은 단지라는 뜻)

매년 3월에 충남 보령 무창포 해수욕장에서는 주꾸미, 도다리 축제가 열리는데 한번 가 보는 것도 좋겠지.

어부들이 소라 껍데기를 줄로 엮어 잡는 방법이 소라방잡이라는 거죠?

그렇지. 또 한 가지 소라 속에 들어 있는 주꾸미를 고리로 잡아 빼면 상처가 나기 쉬운데, 이때 우리 조상님들이 썼던 방법이 있어. 고리를 쓰지 않고 바닷물에 소금을 더해 뿌리면 주꾸미가 제 발로 기어 나오거든.

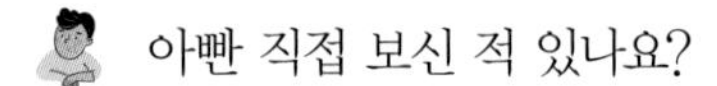

아빤 직접 보신 적 있나요?

흐흐, 직접 보진 못했어. 참, 이 주꾸미 암컷도 문어 암컷처럼 알을 낳으면 50일 동안 아무것도 먹지 않고 알들을 돌본단다.

아빠 말씀처럼 자연에 기대어 사는 생명체들은 정말 대단해요!

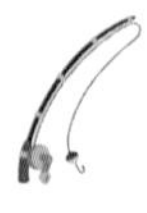

맛도 있고 영양가도 높은 조피볼락

혹시 '우럭'이라고 들어 본 적 있니?

네. 들어는 봤는데 직접 본 적은 없어요.

아마 수산시장에서 한 번쯤 보았을걸? 사람들이 많이 찾고, 70센티미터까지 자라는 대형 볼락이니까. 우리나라 최초의 어보인 『우해이어보』에서 김려 선생은 볼락을 보라어(甫羅魚)로 기록했는데, 아름다운 비단이라는 뜻이지. 볼락은 쏨뱅이목 양볼락과에 속하는데 여기에는 생긴 모습이나 이름까지 비슷한 불볼락, 조피볼락, 개볼락, 띠볼락 등 여러 종이 있어. 서유구의 『임원경제지』에는 울억어(鬱抑魚)로 되어 있고, 정약전의 『자산어보』에는 검어(黔魚), 검처귀(黔處歸)로 되어 있는데 표준이름은 '조피볼락'이야. 1990년대부터 양식이 가능해져서 넙치 다음으로 양식 생산량이 많은 어종이 되었지.

낚시로는 잡을 수 없어요?

잡을 수 있지. 우리나라 모든 바다에서 잡히는데 특히 서해에 많아. 황갈색(어린 물고기), 흑갈색, 회갈색(어미 물고기) 등 여러 가지 색을 띠고 있고, 연안의 암초 많은 곳에 주로 살아.

조피볼락

사진을 보니 좀 성질이

있어 보이지? 먹는 것이 어류, 갑각류, 오징어류 같은 육식성이라 그럴 거야. 암컷과 수컷이 겨울에 짝짓기해서 이듬해 봄에 수십만 마리의 새끼를 낳지. 어미 배 속에서 알이 부화하여 나오는 난태생이거든.

맛이 있을 것 같지 않은데, 영양가는 높나요?

맛도 있고 영양가도 높아. 회로 먹어도 아주 맛이 찰지고, 단백질 함량이 높아 성장기 아이들에게 좋지. 다른 성분도 있어. 우럭은 필수지방산 함량이 높아 노화 방지에 효과가 있고, 눈에 도움을 주는 레티놀 성분도 있어. 류신과 라이신, 메티오닌과 같은 필수아미노산도 풍부해서 간 기능 향상과 원기 회복에 도움을 주고, 비타민 E 성분도 들어 있어 노화 예방에 효과적인 항산화 작용을 하지. 그뿐이 아니야. 칼슘 함량도 높아 뼈를 튼튼하게 해주니 노년기의 골다공증에도 좋단다.

몸에 좋은 성분은 다 가지고 있군요. 근데 그걸 어떻게 다 아세요?

내가 그걸 어찌 다 알겠니? 다 학자들이 연구한 거지. 그러고 보면 학자들은 참 대단하지?

네, 감사해요.

작은 돌기로 덮여 피부가 꺼칠꺼칠한 삼세기

 서해안에 또 어떤 고기가 있을까요?

이번에는 '삼세기'라는 물고기에 대해 알아볼까? 삼세기는 우리나라 어느 곳에나 살고 있는데 경상남도에서는 '탱수'라고 불러. 강원도에서는 '삼숙이'라고 부르고, 전라도에서는 '생김새는 좀 어벙하고 거시기하지만 속은 꽉 찬 사람'을 가리키는 것에 빗대어 '삼식이'라고 부르지.

아빠 잠깐만요. 사진을 보니 흐흐흐, 정말 거시기하게 생겼어요.

생긴 것은 그래도 맛이 있단다. 어떻게 생겼나 볼까? 몸은 초록색이나 갈색을 띠고, 머리는 울퉁불퉁하고, 나뭇잎 모양의 크고 작은 돌기들이 눈 위, 주둥이와 입가에 나 있어서 쉽게 바위처럼 위장을 하고 바닥에 붙어 살아. 꺼칠꺼칠한 작은 돌기들도 온몸에 돋아 있어 피부가 매끈하진 않지.

 아무리 봐도 너무 이상해요.

그래도 그렇게 말하면 섭섭해할 거야. 자, 계속하자! 머리는 위아래로 납작하고, 커다란 입, 까맣고 작은

눈동자, 등지느러미 앞쪽에 긴 가시들과 부채처럼 큰 가슴지느러미가 있지. 물고기 중에 독이 있는 '쑤기미'와 비슷하게 생겨서 삼세기를 먹으려면 잘 살펴봐야 해.

삼세기

 쉽지 않겠네요.

주로 수심이 깊은 곳에서 사는데, 11월~이듬해 3월 무렵이면 얕은 곳으로 이동해 바위나 돌에 1만~2만 개의 알을 몇 개의 덩어리로 낳아 붙이지. 이때가 제철인데 살이 연해서 매운탕이나 국으로 끓여 먹어.

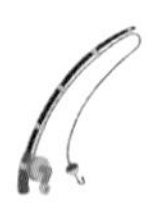

몸길이로 암수를 구별하는 양태

 자, 다음 물고기는 양태란다.

 양태요?

응. 머리가 매우 납작하고 아가미뚜껑 가장자리에 뿔 모양의 날카로운 가시가 두 개 있는 물고기야. 서해안에서는 '장대'라고 부르고, 부산에서는 '낭태'라고 불러.

평소에는 모래와 진흙이 섞인 얕은 바다에 살지만, 겨울에는 좀 달라. 수심이 깊은 바다에 몸을 파묻고 지내다가 봄이 되어서야 활동을 시작하거든.

개구리처럼 겨울잠을 자는가 보네요. 근데 꼭 악어처럼 생겼어요.

그래? 조심하기는 해야 해. 머리와 눈 아가미 주변에 있는 작은 가시들이 날카롭거든. 등에 있는 지느러미 가시와 아가미 쪽 가시는 정말 조심해야 해.

너무 무서워서 소름이 쫙 끼쳤어요.

험상궂기는 한데, 영양가는 높아. 비린내가 나지 않고, 단백질과 인, 칼륨 등 무기질 성분이 많지. 4~7월이 제철이고 산란기야. 이때가 제일 맛있지. 생김새와 달리 맛이 좋아 이름에 '좋을 양(良)'을 붙였다고도 하는구나. 남해안 양태 한 마리가 보통 10만~110만 개 알을 낳는다고 해.

양태는 무얼 먹고 살아요?

새우나 게, 갯지렁이처럼 바닥에 사는 작은 동물이나 물고기를 먹고 사는 육식성 물고기야. 몸길이는 50~70센티미터 정도인데, 1미터까지도 자라지. 등 쪽에서 보면

양태

머리가 크고 꼬리 쪽으로 갈수록 날씬하지. 한때 양태도 사촌격인 '까지양태'처럼 어릴 때 암수한몸이었다가 자라면서 암컷으로 성전환을 한다고 생각했는데 사실은 암컷의 성장 속도가 수컷보다 빠르고, 또 수컷은 일정 크기 이상 자라지 않아서 생긴 오해였지. 그래서 몸길이가 50센티미터 이상의 양태는 모두 암컷이야.

어릴 때는 수컷이었다가 어른이 되면 암컷이 되는 이상한 물고기, 이름은 까지양태…….

번식과 생존 전략을 위한 바닷물고기의 신기한 성전환

여름철 바닷가에서 낚시로 잡는 용치놀래기(*Halichoeres poecilopterus*; 지방명 술뱅이, 용치)는 암컷과 수컷의 몸 색이 너무 달라서 오래전에는 다른 종으로 취급했던 종이다. 이 종은 초록빛을 띤 개체가 분홍빛을 띤 개체보다 늘 몸집이 크다. 어릴 때 분홍빛(암컷)이었다가 자라면서 초록빛(수컷)으로 변하는 것이다. 이처럼 암컷이었다가 수컷으로 바뀌는 종을 '자성선숙(雌性先熟)이라 한다[어릴 때는 암컷 외에 수컷(1차 수컷)도 섞여 있으나 몸 색 구별은 어렵다].

몸길이가 20~25센티미터로 덩치가 큰 수컷은 암컷 여러 마리와 무리를 이루어 지내다가 수컷이 죽거나 사라지면 무리 가운데 덩치가 큰 암컷이 초록빛의 수컷으로 성전환을 하여 무리를 이끌게 된다. 이 종은 겨울이면 겨울잠을 자고, 여름에도 밤에 모래 속으로 들어가 잠을 자는 습성이 있다.

놀래기류 가운데 다른 물고기의 몸, 아가미, 입속의 기생충이나 찌꺼기 등을 먹어 청소하는 종으로 잘 알려진 청줄청소놀래기(*Labroides dimidiatus*)도 '자성선숙' 종이다. 열대 어종이지만 우리나라 제주도 연안에서 만날 수 있다. 이 종도 암수가 무리를 이루어 사는데, 무리에서 수컷이 없어지면 암컷 한 마리가 한 시간 내에 수컷 행세를 하기 시작해서 2주일이면 수컷으로 성전환을 끝낸다.

이 종은 수조 안에 수컷 두 마리를 넣어두면 작은 수컷이 암컷으로 바뀌어서 알을 낳는 '역성전환(reversed sex change)'도 한다. 연구에 따르면, 이러한 현상은 밀도가 낮은 집단에서 짝을 잃은 수컷에 일어날 수 있다고 하니, 종족 번식을 위한 성전환이 가장 자유로운 종이라고 할 수 있겠다.

놀래기류와는 반대로 수컷이었다가 성장하면서 암컷으로 전환하는 종에는 감성돔이 있다. 감성돔(*Acanthopagrus schlegelii*)은 몸길이가 60~70센티미터까지 자라며 바다낚시 대상 어종 중에 최고의 인기를 누리고 있다. 생후 2,3년이 지나 몸길이가 25~30센티미터이면 수컷으로 성숙하며, 생후 4년이 지나면 처음으로 암컷이 나타나기 시작하여 해가 갈수록 암컷이 많아진다. 즉, 최초 수컷이었다가 성장하면서 암컷으로 전환하는데 이를 '웅성선숙(雄性先熟)'이라 한다

이러한 물고기들의 성전환 현상은 먹이사슬이 복잡한 바닷속에서 종 분화를 거듭하면서 각각 생태 특성과 서식 환경에 맞추어 살아남기에 가장 적합한 방식으로 진화해 왔음을 엿볼 수 있다.

1	2
3	4

1. 분홍빛의 용치놀래기(암컷과 1차 수컷)
2. 초록빛의 용치놀래기(수컷)
3. 청줄청소놀래기
4. 감성돔

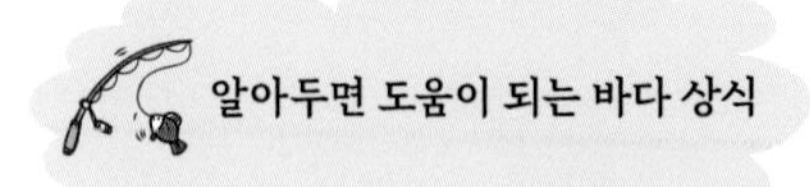

영해와 배타적 경제수역

배를 타고 나가서 물고기를 잡을 수 있는 구역이 정해져 있다고 들었는데 맞나요?

음, 맞아. 먼저 영해가 무엇인지를 알아보도록 할까? 우리나라 바다라고 할 수 있는 '영해'는 육지가 끝나고 바다가 시작되는 해안선에서 12해리까지야. 1해리는 1,852킬로미터이니까 약 22킬로미터까지가 우리나라 바다인 셈이지.

이곳에서는 다른 나라 배가 들어오거나 물고기를 잡을 수 없지요?

그렇지. 우리 허락 없이 마음대로 들어올 수도 없고, 마음대로 물고기를 잡을 수도 없어.

그럼, 배타적 경제수역은 뭔가요?

영어로 EEZ(Exclusive Economic Zone)라고 하는데, 배타적이란 말이 어려우면 독점적이라는 말로 바꿔 보

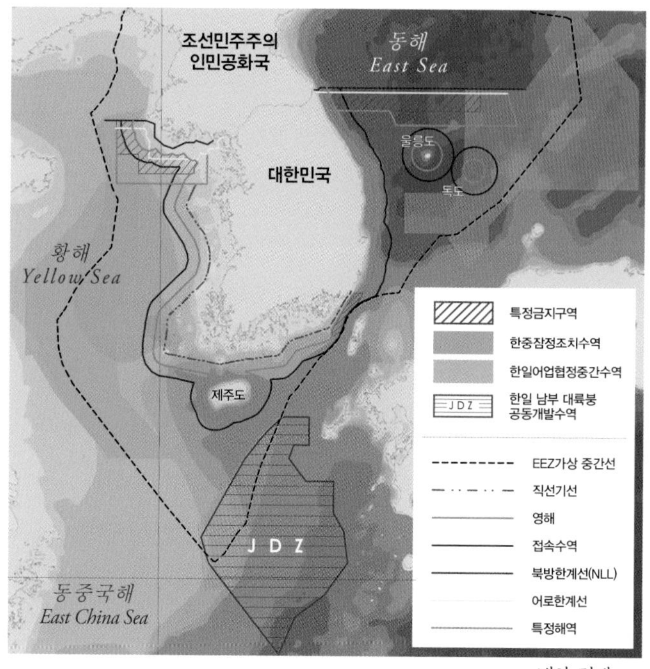

해양 경계

자. 다시 말해 독점적으로 경제 활동을 할 수 있는 구역이야. 다른 나라 배가 항해할 수는 있지만 경제 활동은 할 수 없는 곳이지. 경제 활동은 물고기를 잡는 것을 비롯한 생산과 소비에 관련한 모든 활동을 이야기하는 거고. 경제수역은 영해 기선으로부터 200해리에 이르는 수역 중 영해를 제외한 수역으로, 우리나라는 일본, 중국

과 배타적 경제수역이 겹치기 때문에 어업 협정을 체결하여 겹치는 수역을 공동으로 관리하고 있어. 해안선으로부터 200해리는 약 370킬로미터야. 영해와는 비교할 수 없이 넓은 범위지.

그리고 기선이란 말이 좀 어려운데 설명해 주지. 기선은 영해 바깥쪽 한계를 측정하기 위해 설정한 선, 즉 기초가 되는 선이라고 할 수 있어. 동해나 울릉도, 독도, 제주도처럼 바다에 닿아 있는 해안이 썰물에서도 바닷물이 가장 많이 빠졌을 때의 해안선(통상기선)을 기준으로 삼기도 하고, 섬이 많거나 해안선이 복잡한 남해역이나 서해역의 경우는 가장 바깥쪽의 섬들을 연결한 직선(직선기선)을 기준으로 삼기도 하지.

 휴, 그래도 이해가 잘 안 되는데요?

그래? 아마 TV에서 이런 뉴스를 본 적이 있을 거야. 자주 일어나는 일이니까. 중국 어선이 우리나라 배타적 경제수역 안에서 불법 어업을 해서 대한민국 해경이 이를 단속하다가 실랑이가 벌어지거나 중국 선원들의 저항으로 충돌이 빚어지는 일 말이야.

 그러면 배타적 경제수역 안에서는 어떤 권리를 가

지게 되나요?

연안국은 해양 자원의 탐사·개발·관리의 권한과 인공섬 시설, 구조물 설치와 사용의 권한 등을 가지는 거지. 즉, 배타적 경제수역 안에서 선박이나 비행기가 지나는 것은 허용되지만 전투기나 전투함이 지나는 것, 자원 채집 등의 권한은 허용되지 않는다, 이 말씀이야.

이어도도 배타적 경제수역 안에 들어가나요?

그렇지. 그래서 2003년 이어도에 해양과학기지를 세울 수 있었던 거야. 이어도는 제주도 서남쪽 149킬로미터 지점에 있는 수중 암초인데, 공식 명칭은 '파랑도'란다. 이어도 부근은 조기, 민어, 갈치, 돌돔, 조피볼락, 붉바리 같은 어종이 서식하는 황금 어장이지. 중국·동남아 및 유럽으로 항해하는 주요 항로가 인근을 통과하기도 하는 주요 해역이고.

제주도 구전설화에, 바다에 나갔다가 돌아오지 않는 아들이나 남편의 혼이 깃들어 있다고 믿었던 이 섬은, 과거에는 비바람이 몰아치는 날씨에만 보이던 환상의 섬이었지. 소설가 이청준의 중편소설 환상의 섬 「이어도」가 있어. 한번 읽어 보렴.

해녀들이 물질하러 바다로 나갈 때 배의 노를 저으면서 부르던 '이여도사나 소리'라는 민요도 있지. "물로나 뱅뱅 돌아진 섬에 우리 잠수덜 저 바당에 들어가서 물질허며 이여도 사나 이여도 사나……."

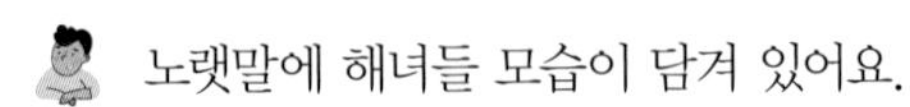
노랫말에 해녀들 모습이 담겨 있어요.

그렇지. 노래든 춤이든 문학이든 그 본질은 인간에 대한 공감이고 사랑이야.

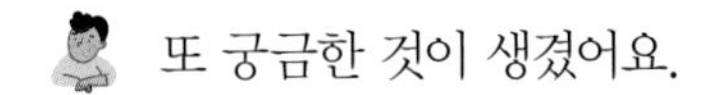
또 궁금한 것이 생겼어요.

흠, 내가 한번 알아맞혀 볼까? NLL(Northern Limit Line, 북방한계선)이 뭔지, 어로한계선이 뭔지 궁금한 거지?

네! 우와, 제 눈빛만 봐도 아시네요.

그야 당연하지. 쉽게 설명해 줄 테니 들어봐. 수학 시간에 배우는 집합을 한번 생각해 보자. NLL은 이를테면 전체집합이고, 어로한계선은 그 안에 들어 있는 부분집합이라고 생각하면 돼. 아니면 어로한계선보다 좀 더 북쪽에 있는 바다 위 휴전선이 NLL이라고 생각해도 되고. 두산백과에 따르면, 1953년 휴전 협정 당시 육지에 대한 경계선은 합의가 되었지만, 바다 경계선은 명확하게 정리가 되지 않았지. 북방한계선은 1953년 8월, 당시 클

라크 주한 유엔군 사령관이 남한 해군이 북으로 올라가지 못하도록 그은 선이야. 우리 측이 관할하던 황해 5개 도서와 북한 황해도 지역의 중간선이지. 이 부근은 꽃게를 비롯해 각종 수산물이 풍부하게 잡히는 곳이란다.

네, 알겠습니다. 마지막으로 어로한계선은 뭔가요?

NLL 부근은 남북한 수역이 만나는 곳이라 물고기를 잡다 보면 언제 무슨 일이 일어날지 모르잖니? 우리 어선이 북한 해역을 침범할 수도 있고, 그러다 납치를 당할 수도 있고, 남·북한군의 우발적인 충돌이 있을 수도 있지. 그래서 국방부, 행정안전부, 해양수산부 공동으로 우리 어선들이 안전하게 물고기를 잡을 수 있도록 NLL 남쪽에 선을 그어 놓았어. 선박안전조업 규칙이라는 이름으로. 이 안에서만 조업하면 안전합니다, 하고 말이지. 다만, 어로한계선 이북에 있는 황해 5도, 동해 저도어장, 동해 북방어장 등의 경우는 예외로 일정 수역을 정해서 어로(물고기나 해산물 따위를 잡아서 거두어 들이는 일)를 허용하고 있어.

아하, 그렇군요.

06

남해 바다에 사는 물고기들

다양한 어종과 지하자원의 보고, 대륙붕이 발달한 남해

자, 이제 남해 바다로 떠나 볼까? 인환이도 우리나라 지리를 공부해서 알겠지만, 우리나라 남해와 서해 남부에는 2300여 개의 섬이 있어 '다도해'라고 하지. 우리의 다도해는 전 세계의 연안국들이 부러워할 만큼 풍광이 아름다울 뿐만 아니라 종 다양성이 높고 수산 어종(갈치, 멸치, 고등어 등)이 매우 풍부하단다. 바닷속에도 뚜렷한 사계절의 영향으로 한대, 온대, 아열대, 열대 바다를 압축해 놓은 듯이 그 어종들이 모두 서식, 출현하지. 한마디로, 보석 같은 바다라고 할 수 있어.

네, 잘 알고 있어요. 초등학교 여름방학 때 우리 가족이 한려해상국립공원에 갔던 기억이 아직도 생생한 걸요?

 흠, 그때 네가 좀 힘들다고 칭얼대지 않았나?

아빠 별것 다 기억하시네요. 그땐 제가 좀 어렸잖아요, 흐흐. 아빠, 우리 좋은 것만 기억해요, 네?

하하, 알았다, 알았어. 아무튼 다도해에는 한려해상국립공원뿐만 아니라 다도해 해상국립공원이 있고 그 빼어난 풍광은 세계 어디와 견주어도 전혀 손색이 없지.

게다가 크고 작은 섬이 많은 남해는 수심이 200미터 이하로 얕아서 대륙붕이 넓게 발달했어. 참, 대륙붕은 바닷물에 잠긴 육지의 부분인데 비교적 평탄한 해저지형으로 각종 지하자원이 묻혀 있고, 플랑크톤이 풍부하여 좋은 어장이라 할 수 있단다. 그래서 남해에는 감성돔, 참돔, 돌돔과 같은 고급 돔류, 그리고 복어, 넙치, 볼락, 농어, 숭어 같은 온대성 어종과 자리돔, 부시리와 같은 아열대 어종들이 섞여 살고 있지.

칼슘의 왕 멸치

 여기서 문제! 남해안에서 가장 많은 개체 수를 차지하는 물고기는?

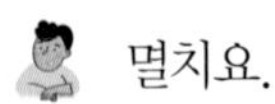

멸치요.

그래, 맞아.

작은 멸치는 큰 물고기의 먹이가 되지만, 우리한테는 없어서는 안 되는 중요한 생선이지. 멸치는 두 척의 배가 양쪽으로 그물을 잡고 끌어서 둘러싸 잡는 기선권현망, 그물을 흘리면서 멸치들이 그물에 끼도록 해서 거둬 들이는 유자망 등으로 잡는데, 일 년에 10~20만여 톤씩 잡아서 국내 어획량 1, 2위를 차지하고 있어.

멸치의 이름은 크기가 작아 '업신여길 멸', 물 밖에서 금방 죽는 급한 성질 때문에 '멸할 멸' 자를 붙였다고 하는구나. 예전에는 살이 찌지 않고 마른 친구를 멸치라고 놀리기도 했지만, 요즘에는 날씬하다고 다들 부러워할 거야.

멸치는 우리나라, 일본, 중국 등에서 많이 잡히는데, 겨울이 되면 따뜻한 곳으로 내려왔다가 봄이 되면 북쪽으로 이동하는 회유성 어류야. 봄에 배를 타고 바다에 나가면 멸치가 떼를 지어 다니는 모습을 볼 수 있어. 멸치를 회로 먹으려면 초가을에 잡은 것이 딱 좋아. 살이 찌고 맛이 그만이거든. 이때 부산광역시 기장군 대변항에서 멸치 축제가 열리니까 가보는 것도 좋겠지.

기장군의 대표 특산물인 멸치는 봄과 가을에 많이 잡히는

멸치

데, 봄철 기장군 연안에서 잡히는 멸치는 오래전부터 맛이 좋다고 소문났어. 횟감으로 먹는 것 말고는 잡자마자 배에서 바로 큰 솥에 넣고 삶아서 건조품으로 팔거나 젓갈을 담그는데, 마른 멸치는 크기에 따라 대멸, 중멸, 소멸, 자멸, 세멸로 구분하지. 마른 멸치는 지나치게 짜지 않고 은근한 단맛과 고소한 맛이 나는 것이 좋고, 등이 너무 꺾어지거나 껍질이 벗겨져 내장이 나온 것은 좋지 않아.

기장에 가면 꼭 멸치회를 먹어 봐야겠어요, 흐흐. 참, 멸치에도 DHA가 들어 있나요?

그럼, 멸치도 등푸른생선이고 뼈째 먹는 생선이야. EPA, DHA 등 오메가-3 지방산과 무기질이 풍부하고, 특히 칼슘이 많아 칼슘의 왕이라고 부르지. 그러니까 먹기 싫어도 멸치볶음 같은 것은 꼭 먹는 게 좋겠지?

네, 잘 먹도록 하겠습니다. 다음에는 어떤 물고기가 기다리고 있나요?

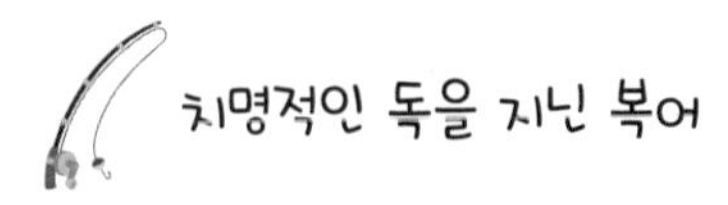

치명적인 독을 지닌 복어

 이번에는 복어에 대해 알아볼까?

복어는 듣기만 해도 무서운 생각이 들어요. 뉴스에도 가끔씩 복어 먹고 죽은 사람들 기사가 나오잖아요.

'테트로도톡신'이라고 하는 복어 독은 동물성 자연 독 중 치사율이 60퍼센트가 넘어 아주 위험하지. 색, 맛과 냄새도 없고 물에 녹지도 않으며, 끓여도 독성이 없어지지 않아. 사람이 이 독을 먹으면 몇 시간 만에 입술과 혀끝이 굳어지는 자각 증상이 나타나기 시작하고, 심하면 혈압이 떨어지면서 사망하기도 하는데, 그렇게 걱정할 필요는 없어. 우리가 복집에서 먹는 복어는 자격이 있는 전문 요리사가 손질해서 요리하거든.

맛있어요? 전 한 번도 안 먹어 봤는데.

곧 먹게 될 거야. 복어는 강한 독성만큼이나 맛도 좋지. 복어 중 가장 맛이 좋다는 '자주복'은 늦가을부터 이듬해 2월까지가 제철인데, 봄부터 초여름까지 알을 낳기 전이 가장 독성이 강해.

복어란 이름은 옛날에 이 물고기가 물 밖으로 나왔을

때 복복거리는 소리를 내면서 부풀어 올라 붙인 이름이지. 복어가 놀라거나 포식자에게 공격받으면 입으로 공기나 물을 들이마셔서 배를 풍선 모양으로 부풀리거든.

참복

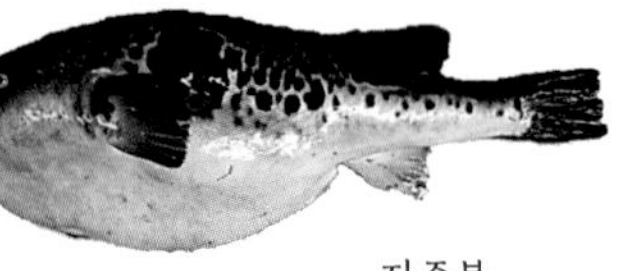
자주복

복어는 맛이 담백하고 살이 쫄깃쫄깃하고 타우린 성분이 많아 술을 마신 후 먹으면 숙취 해소에 도움이 되지. 복어 요리는 일본에서 발달했어. 회를 아주 얇게 떠서 큰 접시에 담아 먹고, 남은 살과 머리는 맑은 탕, 껍질은 초무침을 해서 먹지.

 음, 맛있을 것 같아요.

복어! 복어, 하다가 보니 서해 바다에서 다룰 복어를 하나 놓쳤구나. 여기서 문제! 알을 낳기 위해 강으로 돌아오는 유일한 복어는 뭘까요? 아니야, 내가 그냥 말할게. 정답은 '황복'이야. 임진강, 한강, 만경강 등 서해안 하천으로 올라온다고 하네.

 그럼, 황복이니까 누런색이겠네요?

 응, 맞아. 바다에서 자란 황복이 알

황복

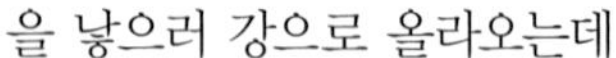
을 낳으러 강으로 올라오는데 이때를 기다려 잡는 거지. 맛이 좋아 고급 어종으로 꼽히는데 이 때문에 멸종 위기에 처해 있어. 지금은 보호 어종으로 지정되어 허가 없이는 잡을 수 없지.

 아, 그렇군요. 어떻게 사는지 더 알고 싶어요.

강에서 알을 낳는데, 알은 지름이 1.5밀리미터 전후로 점착성이 있어 모래 자갈이 깔린 강바닥에 낳아도 끈끈해서 떠내려가지 않고 붙어 있지. 부화한 새끼들은 한두 달 정도 강 하구에서 성장하다가 바다로 내려가 어미가 될 때까지 지낸단다. 황복은 45센티미터까지 자라는데 우리나라 서해안과 중국 연안, 동중국해, 남중국해 등지에 살아.

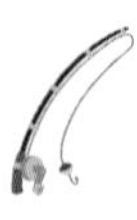

암컷에서 수컷으로 성전환하는 능성어

 '능성어'라고 들어 봤는지 모르겠다.

 처음 듣는데요.

조금 뒤에 알려 주겠지만 다금바리(표준명 자바리)와 비슷해. 몸통에 자주색 가로줄 무늬가 규칙적이고, 해조류가 많은 암초 바닥에서 새우, 게, 어류 등을 먹고 살아. 그런데 자라면서 암컷에서 수컷으로 성전환을 하는 특이한 물고기야. 우리나라 남해, 일본, 인도양 등에 사는데 맛이 기가 막혀. 참돔이나 방어보다 더 비싼 횟감이지. 능성어는 고단백 생선으로 어린이 두뇌 발달과 성장 발육에도 좋고 열량이 낮아 다이어트에 좋아.

뼈, 머리, 내장, 껍질까지 어느 것 하나 버릴 게 없는 물고기로 아홉돈배기(남해안), 구문쟁이(제주도)라고도 하지. 몸 색과 무늬가 비단 '능'과 비슷하다 하여 붙인 이름이라고도 하는데, 정확히 이름의 뜻은 잘 모르겠구나. 이 능성어는 다금바리와 마찬가지로 자라면서 가로줄 무늬가 점점 희미해지지.

아빠, 먹는 방법을 검색해 봤어요. '회는 겨자를 넣은 장에 찍어 먹는다. 내장인 간, 창자, 쓸개 모두 버리지 않고 데쳐서 먹는다.

능성어

껍질도 살짝 데쳐서 먹고, 마지막으로 뼈와 머리를 넣고 푹 곤 다음 건져 내고 불린 쌀을 넣어 끓이면 둘이 먹다가 하나 죽어도 모를 어죽이 된다'고 하네요.

아하, 버릴 게 없는 물고기였구먼.

원기를 북돋워 주는 민어

더위에 지친 몸을 달래고, 원기를 북돋워 주는 맛난 보양식이 있는데 바로 민어(民魚)야. 민어는 여름철 고급 생선인데 "삼복더위에 양반은 민어를 먹고 상민은 보신탕을 먹는다"는 옛말이 있었을 정도지.

민어(民魚)의 민은 백성 민(民) 자가 아닌가요?

그렇지! 인환이가 한자도 잘 아는구나. 금일(今日)을 금요일로 아는 친구도 있던데. 민어는 옛날에 임금이나 양반들이 즐겨 먹었다지만 모든 사람들이 좋아해 '백성 민' 자를 붙였고 또 다른 이름으로 '면어'라고도 하지. 암튼 민어는 초고추장에 찍어 먹으면 맛이 담백하고 고소하면서도 달달해. 뱃살은 얼마나 쫀득쫀득한지 몰라.

민어의 주산지는 전남 신안 앞바다인데, 예로부터 "여

름이면 민어 울음 소리에 밤잠을 설친다"는 말이 전해 올 만큼

민어

민어가 많이 잡히는 곳이지. 크기가 1미터 이상 자라니까 몸집도 우람해. 부레가 두껍고 커서 '부욱부욱' 소리를 내기도 하고. 특히 민어 부레는 천연 접착제로 유명하지. 6~8월에 그곳에 가면 신선한 민어뿐만 아니라 병어도 맛볼 수 있을 거야. 병어도 많이 잡히거든.

 민어, 드셔 보셨나요?

 그럼, 목포에 가면 민어 거리가 있는데 한참 더운 여름에 가도 식중독 걱정 없이 민어회를 먹을 수 있어.

 아빠, 저도 한번 데리고 가 주세요.

속이 좁은 사람의 대명사 밴댕이

 다음에는 심심하니까 문제를 내 볼까? 지방에 따라 반댕이, 뛰포리, 청띠푸리라고도 하는데, 봄부터 가을까지 수심이 얕은 만이나 하구에 살다가 겨울에 수심이 깊은 곳으로 이동해 겨울을 나는 물고기가 있어. 동물플

랑크톤, 갯지렁이, 새우 등을 먹으며 떼 지어 살지. 내장이 작아서, 속이 좁고 너그럽지 못한 사람을 두고 "○○○ 소갈딱지 같다"고 하는데 이 물고기는 뭘까요?

호흐, 밴댕이요! 제가 한 번씩 삐지면 엄마가 놀리는 말이거든요.

딩동댕! 밴댕이 콧구멍 같다는 말도 있어. 성질이 워낙 급해 잡히면 바로 죽고 쉽게 상하기 때문에 어부들도 살아 있는 것을 보기 어렵다고 해. 멸치처럼 말려서 국물을 우려내는 데 쓰이지.

그런데 경기도에서 유명한 '밴댕이젓갈'의 밴댕이는 남해안 밴댕이와 서로 다른 종이야. 표준명이 '반지'라는 물고기로 멸치과에 속해. 둘다 몸이 납작하지만, 주둥이 모양이 달라. 위턱이 아래턱보다 길어서 앞으로 튀어나와 있으면 반지고, 아래턱이 위턱보다 길고 입이 위로 열린 모양이면 밴댕이지.

밴댕이

반지

반지는 회나 구이로 먹고 제대로 삭힌 서해안 젓갈은 임금님께 올리는 진상

품이었어. 얼마나 맛이 있었으면 경기도 안산에 '소어소'를 설치해서 올렸을까?

아, 안산에 살면서 반지젓갈을 못 먹어 보다니.

나도 못 먹어 보았어. 나중에 꼭 한 번 먹어 보자꾸나.

네, 좋아요.

턱 힘이 좋은 바다의 펜치 돌돔

자, 다시 남해 바다에 사는 물고기 중에, 이빨이 강해서 낚싯줄을 끊고 도망간다는 유명한 물고기가 있어. 몸길이가 25~30센티미터 정도 되면 이 물고기 힘이 아주 세어지거든. 원래부터 힘세고 멋진 물고기라서 '바다의 황제'라는 별명이 붙었긴 하지만 이때가 되면 턱 힘이 좋아서 '뻰찌(펜치 pinchers)'라고도 해.

못을 빼거나 철사 끊을 때 쓰는 펜치요?

응, 그렇지. 몸 옆에 줄무늬가 있어서 얼룩말처럼 보이는데 경상도에서는 아홉동가리, 줄돔이라고도 불러. 제주도에서는 갓돔, 갯돔, 돌톳으로 부르고. 늦은 봄부터 초여름에 걸쳐 산란을 하는데 새끼는 바다에 떠다니는 해조류나 잘피, 밧줄, 폐그물 아래에 모여 살아.

돌돔

나이가 들면 검은 줄무늬가 희미해져 주둥이 부분만 검은색으로 남고 나머지 부분은 푸른빛이 도는 회색을 띠지.

 표준이름은 뭐예요?

 아직 그걸 말 안 했나? 돌돔이야. 돌돔! 낚시꾼들에게 아주 유명한 녀석이지.

 그러면 '돔'은 무슨 뜻인가요?

돔은 '도미'의 준말이야. 도미과, 돌돔과, 갈돔과, 황줄깜정이과 등에 속하는 바닷물고기를 다 돔이라고 해. 분류학적으로는 조기강 농어목에 속하는 과들이지. 돌돔은 양식을 하기도 하지만 주로 낚시로 잡아. 6~7월 장마철이 지나고 갯바위가 뜨거워지는 여름에 잡히지. 시력이 좋고 조심성이 많지만, 수온이 올라가면 소라, 성게, 참갯지렁이 등을 미끼로 잡을 수 있어.

 어떻게 먹나요?

흰살생선이라 씹으면 씹을수록 고소해서 생선회로는 으뜸으로 치지. 그밖에 소금구이, 매운탕으로도 먹는데 여름에 가장 맛이 좋아. 참, 내장도 쫄깃하고 고소하단다.

 저도 돌돔 한 마리 낚고 싶어요.

배 속에서 새끼를 키우는 망상어

동해안이나 남해안 갯바위나 방파제에서 흔히 볼 수 있는 물고기가 있어. 경상남도에서는 '망싱이', '망사'라 부르고, 주문진에서는 '맹이', 흑산도에서는 '망치어'라고 부르는 망상어지. '바다 붕어'란 별명도 있고. 『자산어보』에도 이 물고기가 등장하는데, "이름은 '망치어'이고, 큰 놈은 한 자 정도 된다. 모양은 도미를 닮았으나 높이는 더 높고 입이 작으며 빛깔이 희다. 태에서 새끼를 낳는다. 살이 희고 연하며 맛이 달다"고 기록하고 있지.

좀 전에는 펜치를 알려 주시더니 이번에는 망치군요.

 어라, 어쩌다 보니 그렇게 됐구나. 10~12월에 수

컷과 암컷이 짝짓기 를 하여 체내수정을 하고, 어미 배 속에서 알

망상어

이 부화되어 5~6센티미터까지 자란 뒤 오뉴월에 몸 밖으로 나오는 태생어야. 난태생과는 좀 다르지. 배 속에서 부화되어 나오는 게 아니라 5~6개월이나 키우니까. 그런데 새끼를 낳지만 사람과는 달리 꼬리부터 나와서 역산(逆産)이라고 해. 그래서 일부 지역에서는 임산부가 이 물고기를 먹지 않았다고 전해지지. 우리나라 전 연안, 일본 홋카이도 이남에 살고 있어.

사람도 어쩌면 물속에서 살다가 진화해서 물 밖으로 나온 게 아닐까요?

그럴지도 몰라. 지금까지 육상 네발 동물의 조상으로 알려진 유스테노프테론(Eusthenopteron), 틱타알릭(Titaalik), 아칸토스테가(Acanthostega) 같은 종들이 육지로 모험을 감행하지 않았더라면 아마 인간은 이 세상에 존재하지 않았겠지.

또 영국의 해양생물학자 앨리스터 하디(Alister C. Hardy)는 인간이 물에서 살았다고 주장했어. 인간의 경우 여느

영장류와 다르게 긴 털이 아닌 두터운 피하 지방층이 있다는 것이 그 증거라고 말이지. 고래에도 이런 특징이 있고, 인간의 수영 능력과 물속에서 숨을 참는 능력도 영장류 중에서는 최고라고 말이야. 인간이 과거에 물가에서 살면서, 많은 시간을 물속에서 보냈을 것이라는 학설을 내놓을 만하지?

또 재미있는 이야기는 없나요?

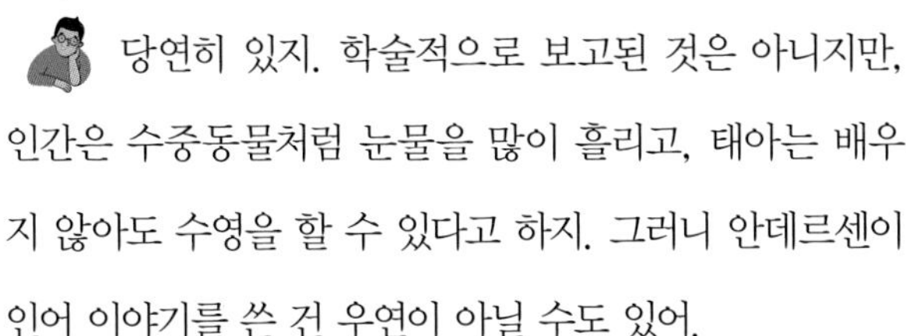
당연히 있지. 학술적으로 보고된 것은 아니지만, 인간은 수중동물처럼 눈물을 많이 흘리고, 태아는 배우지 않아도 수영을 할 수 있다고 하지. 그러니 안데르센이 인어 이야기를 쓴 건 우연이 아닐 수도 있어.

흥미로운 이야기네요.

이걸 알면 더 놀랄걸? 오래전 영국 모 방송에서 엄마 배 속에서 아기의 얼굴이 형성되는 과정을 애니메이션으로 제작해서 보여 준 적이 있었어. 아기 눈이 머리 양쪽에서 생긴 후 앞쪽으로 이동하고, 턱 부분은 물고기 아가미와 유사한 거야. 그러한 점들이 인간을 포함한 육상동물이 어류에서 진화했다는 해부학적 단서가 아닐까 하는 내용이었지.

육상동물로 진화한 후에도 물속 어류의 형태 흔적이 배 속의 태아에 남아 있다는 것이 믿기 어려워요.

생명체의 비밀은 끝이 없어. 자자, 망상하지 말고 망치 이야기를 마무리 짓자.

네, 망상어, 망치!

동해와 남해에 살고, 대부분 방파제나 갯바위 부근에 살아. 이 물고기도 복어나 쥐고기처럼 낚시꾼이 돔 낚시 하려는데 훼방을 놓기도 하지만 잔잔한 손맛은 있어.

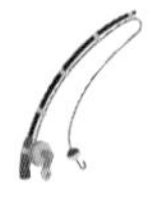

크면 클수록 맛 좋은 횟감 방어

다음은 몸길이가 1미터 넘는 큰 녀석인데 몸 모양이 방추형이라 굉장히 빨라. 시속 30~40킬로미터로 빠르게 헤엄치지. 등 쪽은 녹청색, 배 쪽은 은백색이고 머리부터 꼬리자루까지 몸 옆면 한가운데에 노란색 띠가 하나 있어. 꼬리지느러미도 노란색이고. 맞는지 확인해 봐. 노란색이 보이니?

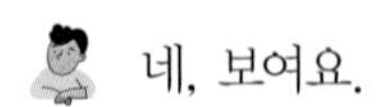

네, 보여요.

물레에서 뽑아낸 실을 감는 가락인 방추를 닮아

이름 붙인 '방어'라는 물고기야. 5월 초에 새끼들이 모자반 아래에 살다가 어느 정도 자라면 무리 지어 헤엄쳐 다니지. 겨울이 되면 따뜻한 남쪽으로 가는 회유성 물고기이고. 우리나라 연안, 일본, 타이완, 아열대 해역에 살아. 방어는 여느 물고기와 달리 크면 클수록 맛이 좋은 고급 횟감이란다. 지방이 많아 다이어트에는 좋지 않지만, 비타민 D가 풍부해서 골다공증이나 노화 방지에 효과가 있어. 비타민 E와 니아신도 있어 피부에도 좋고.

방어

언제 먹으면 좋아요?

추워지면 더욱 맛이 있지. 11월~2월까지가 제철이야.

고등어와 함께 대표적인 등푸른생선 삼치

아, 이 물고기를 빠뜨릴 뻔했군. 주로 작은 물고기를 잡아먹는 육식성 어종인데, 양턱에 날카로운 이빨이 가지런히 발달해 있어.

 마치 상어처럼요?

응. 먹이 사냥을 할 때는 시속 수십 킬로미터의 속도로 빠르게 헤엄치지. 여느 물고기들처럼 지방마다 부르는 이름이 다 달라.

 요즘처럼 교통이 발달하지 않아서 그랬을까요?

맞아. 교통이 발달하기 전에는 교류가 많지 않아 각 지방 사투리로 불렀는데, 나중에야 그것이 같은 물고기를 가리키는 줄 알게 되었을 거야. 서해 바다에서는 '마어', 동해 바다에서는 '망어', 전남에서는 '고시', 통영에서는 '사라'로 불렸지. 지금은 표준이름으로 '삼치'라고 부르지만.

참 오래전 같아요. 그때는 라면도, 자동차도, 세탁기도 없었을 텐데 어떻게 살았을까요?

글쎄, 지금 기준으로 그때를 판단해서는 좀 곤란해. 여러모로 불편하고 물자도 부족했지만, 나름의 즐거움이 있었지. 반면 지금은 산업이 발달하고 생활이 편리해진 대신 자연이 훼손되고 공기가 오염되었어. 공동체가 무너지면서 이웃 간의 정도 희미해졌고.

 삼치에 대해 더 알려 주세요.

 등은 회청색 또는 군청색이고 배는 하얘. 몸 옆으로 푸른 반점이 세로로 7~8줄 있고, 매우 작은 비늘이 온몸에 덮여 있어. 삼치도 역시 회유종이야. 따뜻한 바다에서 겨울을 난 뒤 봄이 되면 연안으로 몰려오고 4~6월에 알을 낳지. 알에서 깨어난 새끼는 성장 속도가 빨라 6개월이면 600그램이 넘는 고시(어린 삼치)가 되는데 이때는 구이로 해 먹고, 1년이 지나 몸길이가 50센티미터쯤 되면 조림이나 횟감으로 먹지.

삼치

 우리 몸에 좋은 성분은 없나요?

찬바람이 불면 맛이 드는데, 겨울을 나려고 살에 기름이 오르거든. 고단백 저칼로리 음식이라 할 수 있어. 오메가-3 지방산이 있는 등푸른생선이니만치 동맥경화, 뇌졸중, 심장병 예방 효과가 있고, DHA가 풍부해 성장기 아이들 두뇌 발달에도 좋아. 또 비타민 D가 많아 골다공증에 좋고, 타우린도 풍부해 원기 회복이나 간 기능 개선에 좋아.

 겨울 삼치는 완전 밥도둑이네요!

어미 배 속에서 형제들을 잡아먹고 자라는 상어, 비만상어

상어들은 단단한 껍질에 싸인 알을 낳거나(卵生) 또는 어미를 닮은 커다란 새끼를 낳는다(卵胎生, 胎生).

모래뱀상어(영어명: Sand tiger shark)라고도 불리는 비만상어(*Carcharias taurus*)는 수족관에서 흔히 볼 수 있는 몸길이 3미터 내외의 대형 상어류이다. 턱 앞으로 돌출된 이빨들이 늘 보이는 험상궂은 모양으로, 국내 수족관에서도 같은 수조에 있는 다른 상어를 잡아먹어 화젯거리가 되었던 종이다.

이 상어의 번식 방법은 난태생(卵胎生)으로 알려졌지만, 어미 배 속에서 형제나 미수정 알들을 먹는 난태생 또는 '형제를 잡아먹고(sibling cannibalism) 자라는' 난태생으로 알려져 있다. 어미 배(자궁) 속에서 먼저 깨어난 새끼(몸길이 13cm 내외)가 자신보다 늦게 깨어나는 형제와 어미가 계속 만들어 주는 알을 먹으면서 자라는 것이다. 어미는 자궁이 두 개 있어 각각 자궁 속에서 늦게 태어나는 새끼들과 알을 먹으면서 몸길이 1미터 정도로 자란 뒤에 어미 배 밖으로 나온다.

참고로 이 종은 성질이 온순해서 수족관에서 키우기가 쉬워 인기가 있는 것으로 알려졌지만, 덩치가 크고 밖으로 이빨이 튀어나와 있어 마주치면 위험하기도 하다. 비록 일부러는 아니지만 지금까지 약 20여 건의 인명 사고가 기록되어 있는 종이라 바닷속에서 만나는 것은 조심해야 한다.

사람을 가끔 공격해서 화제가 되는 백상아리(*Carcharodon carcharias*)는 어미 자궁 속에서 부화하여 배에 달린 난황을 흡수하고 난 뒤에는 어미 자궁 속의 액체형 영양분을 먹고 그 후부터는 알(미수정란)을 먹으면서 자란다. 백상아리는 많으면 10여 마리의 새끼를 낳지만, 새끼들이 배 밖으로 나올 때는 이미 몸길이가 1.2미터 이상이라 태어나자마자 다른 물고기들을 잡아먹기 시작한다. 어미 입장에서 보면 계속 알을 만들어서 배 속의 새끼를 키우는 것이므로 매우 효율적인 육아 방식이라 하겠다.

이런 번식 방법은 배(자궁) 속의 새끼가 어미와 탯줄로 연결되어 있지 않아 난태생(卵胎生, Ovoviviparous)이라고 하지만, 알 속에서 있던 난황을 흡수한 다음부터는 어떤 방식으로든 어미로부터 영양을 공급받으면서 자라므로 '태반이 없는 태생(aplacental viviparity)'이라고도 한다.

경골어류보다 먼저 지구상에 출현한 연골어류인 상어와 가오리의 현생 종들의 종족 번식 방법을 보면, 경골어류의 체외수정 방법보다 훨씬 더 복잡하고 정교하다고 할 수 있겠다. 그래서 연골어류와 경골어류를 비교하여 어느 분류군이 더 진화했다는 애기는 맞지 않는 듯하다.

비만상어

백상아리

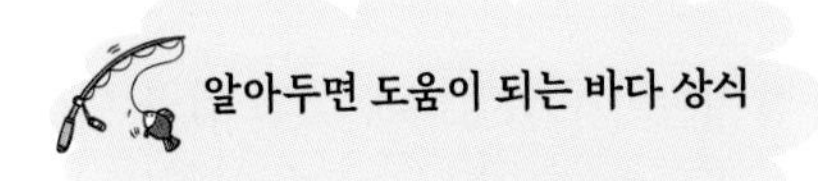

금어기

낚시할 때면 언제나 아무 물고기나 잡아도 되나요?

수산자원을 보호하기 위해 어떤 종들은 잡는 시기나 크기를 제한하기도 한단다. 다시 말해 중요한 수산 어종에 대해서는 산란기나 어린 새끼들을 보호하기 위해서 특정 시기나 잡을 수 있는 크기를 법으로 정해 두고 있지.

그 외 고등어, 내세, 제주도 소라, 개조개, 꽃게, 오징어 등과 같이 우리나라 국민이 즐겨 먹는 수산 어종은 한 해에 잡을 수 있는 어획량을 정해 두고 있단다[총허용어획량제도(TAC 제도)]. 잡지 말아야 할 시기(금어기)와 잡지 말아야 할 크기(금어체장)에 대해서 간단히 정리해 두었으니 잘 기억해 두렴.

어업 활동과 낚시에 모두 적용된다니, 낚시 떠나기 전에 꼭 확인해 두어야겠네요.

1) 금어기(禁漁期)를 풀이하면 금할 금(禁), 고기 잡을 어(漁), 정할 기(期)로, 우리의 소중한 수산생물의 번식과 보호를 위해 산란기와 치어의 성육기 동안 포획, 채집을 금지하는 기간을 말한다.

금어기는 어민의 어업 활동뿐만 아니라 일반인의 낚시에도 해당된다. 2020년 9월 25일부터는 일반인이 낚시 외에도 해루질, 스킨다이버 등의 수중 레저 활동 중 금어기·금지체장을 위반해도 벌금이 부과될 수 있다.

2) 현재 「수산자원관리법 시행령」(제6조 제1항)에서 금어기를 설정하고 있는 것은 대구·연어·전어·참조기·참홍어·갈치·고등어·감성돔·명태·말쥐치 등 어류 15종, 꽃게·대게류·털게·대하·닭새우 등 갑각류 7종, 백합·새조개·소라·전복류·코끼리조개·키조개 등 패류 8종, 감태·개다시마·대황·우뭇가사리·톳 등 해조류 9종, 그 외 해삼, 살오징어, 낙지, 주꾸미, 참문어 등이 있다.

보통 각 어종의 산란기를 중심으로 금어 기간은 2~3개월이 가장 많다. 이는 수산자원 증식 면에서나 경제적인 면에서도 그 효과가 크다. 2021년 1월 기준 포획 금지

기간, 즉 금어기가 설정된 어종은 44종이며 포획 금지체장을 적용 중인 수산물은 41종이다.

3) 금어체장(禁漁體長)은 「수산자원관리법 시행령」(제6조 제2항)에 따라 금어기가 아니더라도 일정 체장(體長, 몸길이) 이하의 것은 잡을 수 없게 되어 있다.

예를 들면, 도루묵 11cm, 황돔 15cm, 볼락 15cm, 갈치 18cm(항문장, 주둥이에서 항문까지의 길이), 기름가자미 20cm, 황복 20cm, 청어 20cm, 참가자미 20cm, 고등어 21cm, 조피볼락 23cm, 참돔 24cm, 농어 30cm, 방어 30cm, 민어 33cm, 붕장어 35cm, 대구 35cm, 넙치 35cm, 참홍어 42cm(체빈폭, 양쪽 가슴지느러미 사이의 최대 길이), 꽃게 6.4cm(두흉갑장, 다리를 제외한 몸의 가로 길이), 대게 9cm(두흉갑장), 백합 5cm(각장, 껍데기 길이), 소라 5cm(각고, 껍데기 높이), 전복류 7cm(각장), 재첩 1.5cm(각장), 살오징어 15cm(외투장, 눈과 다리를 제외한 종 모양의 길이), 대문어(표준명: 문어) 600g 등이 있다.

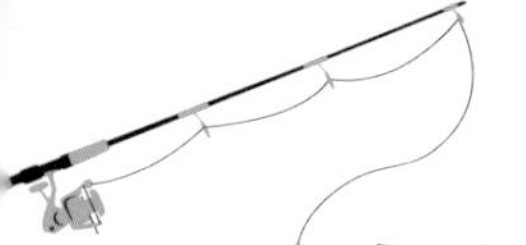

어종의 금어기와 금지체장

갈치	감성돔	낙지	대구
금어기 7. 1. ~ 7. 31.	5. 1. ~ 5. 31.	6. 1. ~ 6. 30.	1. 16. ~ 2. 15.
금지체장 18cm 이하(항문장)	25cm 이하		35cm 이하
말쥐치	**명태**	**살오징어**	**삼치**
금어기 5. 1. ~ 7. 31.	1. 1. ~ 12. 31.	4. 1. ~ 5. 31.	5. 1. ~ 5. 31.
금지체장 18cm 이하		15cm 이하(외투장)	
옥돔	**전어**	**주꾸미**	**쥐노래미**
금어기 7. 21. ~ 8. 20.	5. 1. ~ 7. 15.	5. 11. ~ 8. 31.	11. 1. ~ 12. 31.
금지체장			20cm 이하
참문어	**참홍어**	**참조기**	**고등어**
금어기 5. 16. ~ 6. 30.	6. 1. ~ 7. 15.	7. 1. ~ 7. 31.	4. 1. ~ 6. 30.
금지체장	42cm 이하(체반폭)	15cm 이하	21cm 이하
개서대	**연어**	**문치가자미**	**기름가자미**
금어기 7. 1. ~ 8. 31.	10. 1. ~ 11. 30.	12. 1. ~ 이듬해 1. 31.	
금지체장 26cm 이하		20cm 이하	20cm 이하

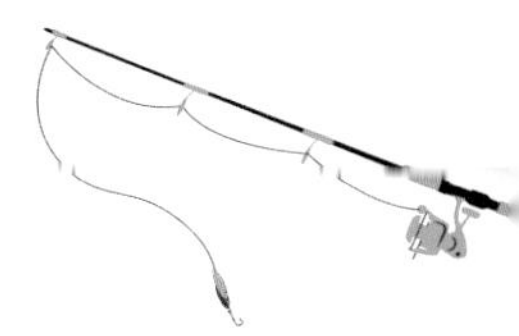

갯장어	넙치	농어	도루묵
금지체장 40cm 이하	35cm 이하	30cm 이하	11cm 이하
돌돔	**대문어(표준명:문어)**	**미거지**	**민어**
금지체장 24cm 이하	600g 이하	40cm 이하	33cm 이하
방어	**볼락**	**붕장어**	**용가자미**
금지체장 30cm 이하	15cm 이하	35cm 이하	20cm 이하
조피볼락	**참가자미**	**참돔**	**청어**
금지체장 23cm 이하	20cm 이하	24cm 이하	20cm 이하
황돔	**황복**		
금지체장 15cm 이하	20cm 이하		

07

제주 바다에 사는 물고기들

갈치 몸에 반짝이는 은빛은 구아닌이라는 색소

요즘은 아름다운 섬 제주도에서 한 달만 살고 싶다는 사람들이 많아졌는데 과거에는 육지와의 왕래가 어려운 섬이었어. 배를 타고 가다가 풍랑을 만나 언제 사고가 날지 몰랐거든. 고려시대에 제주도를 병참기지로 삼아 일본 침략을 준비하던, 당시 세계 최강의 몽골군도 태풍 때문에 실패했다는 기록이 있으니까.

갑자기 불어닥친 바람과 거센 파도에 네덜란드 사람 하멜(Hendrik Hamel, 1630~1692)이 탄 배가 난파된 곳도 제주도 대정현이었어. 그 후 하멜은 13년 20일 동안 조선에 억류되어 살아야 했지. 천신만고 끝에 고국으로 돌아간 하멜은 회사에 임금을 청구하기 위해 『하멜 표류기』를 썼어. 책에 보면, 물론 다 믿을 수 없지만, "조선인은 성품이 착하고 잘 곧이듣는다" 등등 당시 조선에 관한 여러 가지

이야기가 기록되어 있단다.

 흥미롭네요.

한번 읽어 보렴. 이처럼 중국과 일본에서 한반도로 향하던 배들이 풍랑에 휩쓸려 표류하다가 본 한라산은 등대와 같았을 거야. 해발 1950미터 높은 산이 눈앞에서 손짓하는 듯 보였으니까. 참고로 우리나라 최초의 등대는 인천 팔미도(1903년 4월)에 세워졌고, 등대 불빛은 40킬로미터 이상 떨어진 곳에서도 볼 수 있었지.

 제주 바다에는 어떤 물고기들이 사나요?

 제주도 연안에는 쿠로시오 해류의 영향을 받아 독가시치, 파랑돔, 자리돔, 청줄돔, 노랑자리돔, 연무자리돔 등 아열대, 열대 물고기들이 많이 살고 있어. 갈치, 곰치, 무태장어, 벤자리, 전기가오리 등도 살고 있고. 제주 물고기 중에 어떤 물고기를 좋아해?

 저는 갈치를 좋아해요.

 갈치는 여름에 서해 바다나 남해 바다에서 잡히고, 대형 기저쌍끌이, 근해 안강망 등으로 매년 6만~15만여 톤씩 잡아 우리나라 어획량 1~5위 안에 들어.

갈치는 시장에서 몸빛에 따라 먹갈치, 은갈치라 부르

기도 하는데

사실은 같은

갈치

종이야. 그물로 잡아 은빛 색소가 모두 벗겨져서 거무스름한 빛을 띠면 '먹갈치', 낚시로 잡아 몸빛이 금속광택의 은빛을 띠면 '은갈치'라 부를 뿐이지.

긴 칼을 닮아 이름을 붙인 갈치는 칼처럼 생겼다고 해서 도어(刀魚)라고도 하지. 갈치 몸에 반짝이는 은빛은 비늘이려니 생각하겠지만 구아닌이란 색소 때문이야. 갈치가 싱싱하지 않다면 칼로 긁어내는 것이 좋겠지.

저도 은빛이 번쩍이는 갈치를 낚시로 잡는 장면을 TV에서 봤어요.

갈치는 생긴 것이 날렵하지만, 밤에 배에 불을 밝히고 갈치를 모이게 해서 낚시하는 재미가 독특하지. 싱싱할 때는 횟감으로 일품이고, 굽거나 무를 넣어 찌개나 조림으로 해 먹어도 좋아.

제주도에서는 가까운 바다에서 낚시로 잡아 색소가 벗겨지지 않으니까 싱싱한 은빛 갈치로 회나 국으로 해 먹는 게 가능해. 또 내장만을 소금에 절여 발효시킨 '갈치

속젓'은 깍두기 담글 때 넣으면 진짜 맛있어. DHA 같은 불포화지방산이 많아 성인병 예방에도 좋고.

갈치는 난대성 어류라 여름철 산란기에는 남해안과 서해안 연안 가까이에서 잡을 수도 있지만, 겨울에는 제주도 서쪽, 남쪽 바다로 이동해. 그리고 봄이 되면 남해안으로 다시 올라오지.

머리에 짧고 강한 가시가 발달한 쏨뱅이

『자산어보』에 "돌 틈에 살면서 멀리 헤엄쳐 나가지 않는다"고 기록한 물고기에 대해 알아볼까?

이름이 뭔가요?

표준명은 '쏨뱅이'인데 경상도에서는 '삼뱅이'라고 하고, 제주도에서는 '우럭'이라고 불러. 남해안과 제주도에 서식하고, 일본이나 타이완에도 분포하지. 새우나 게, 작은 물고기 등을 먹고, 짝짓기를 하여 어미 배 속에서 알을 수정, 부화시킨 뒤 새끼를 낳는 난태생 물고기야.

망상어처럼 새끼를 낳는다고요? 생김새는 어떤가요?

쏨뱅이가 속한 볼락류는 새끼를 낳기는 하지만 망

쏨뱅이

상어처럼 배 속에서 새끼들을 키우지는 않아. 머리는 크고, 짧고 날카로운 가시가 많이 나 있어. 이름도 지느러미 가시를 만지다가 자칫 잘못하면 쏘인다는 것에 빗대어 붙였지. 몸 색은 사는 환경에 따라 조금씩 달라서 얕은 바다에서는 갈색이 진하고, 깊은 곳에서는 붉은색이 강하지.

 가시가 무서워요. 찔리면 큰일 날 것 같아요.

바다낚시의 황제 자바리

다음은 앞에서 잠깐 말했던 제주도에서 '다금바리'라고도 부르는 '자바리'에 대해 알아보자.

 주로 어디에 사나요?

바위가 많은 곳에 살고 한곳에 머물러 살기를 좋아해. 자신이 살고 있는 바위굴을 좀처럼 떠나지 않는다고 하네.

 사진을 보니 앞에서 본 능성어와 많이 비슷해요.

자바리

응, 맞아. 자바리는 몸이 1미터 이상으로 자라고, 긴 방추형에 전체적으로 자갈색을 띠고 있어. 흑갈색 줄무늬 예닐곱 줄이 비스듬히 앞쪽으로 휘어져 있지. 능성어처럼 나이를 먹을수록 줄무늬가 희미해져서 나중에는 완전히 없어져 몸 전체가 흑갈색을 띤단다. 어린 새끼는 부유 생활을 하며 소형 플랑크톤을 먹지만, 자라면서 작은 물고기, 게, 새우 같은 동물성 먹이를 좋아하게 되지. 덩치가 엄청나게 크고 힘도 세서 '바다낚시의 황제'라는 별명이 붙었어.

 저도 언젠가 자바리 만날 날이 있겠지요?

 그렇지. 하하하!!

바다 밑을 기어 다니는 빨간씬벵이

이번에는 '빨간씬벵이', 이름도 이상한 물고기를 만나 보자. 일단 이 물고기는 식용으로 다루지 않아. 우리나라에서 호주까지의 태평양, 인도양, 대서양의 따뜻한 바다에 많이 사는데 개체 변화 연구 자료로 중요하다고 하지. 몸길이는 10센티미터 정도이고 공처럼 둥근 몸에 가슴이 불룩해서 볼품이 좀 없어. 사진을 보면 알기 쉬울 거야.

빨간씬벵이

 몸에 표범 무늬가 있는 것 같아요.

맞아. 옅은 노란색 바탕에 타원형 또는 물결 모양의 갈색 반점들이 흩어져 있어서 그렇지. 눈 위의 맨 앞쪽 등지느러미는 실 모양이고 끝이 흰 피질막으로 변형되어 있어. 이것을 낚싯대처럼 이용해 작은 물고기를 유인한단다.

 가만 보니 아귀와 비슷하네요.

생긴 모습을 한번 자세히 살펴볼까? 입은 위로 향하고 있고, 피부에 작은 가시가 빽빽하게 나 있어. 가슴지느러미와 배지느러미가 짧아 바다 밑을 기어 다니기에 적합하지. 그 모습이 마치 신을 신고 걷는 것처럼 보인단다.

 아하, 그래서 이름이 빨간씬벵이군요!

가시에 독을 품은 쏠종개

 다음에는 어떤 물고기가 기다리고 있을까요?

쏠종개라고 하는 물고기인데, 어찌 보면 민물 메기처럼 생겼어. 납작하고 둥근 주둥이 주변에 수염이 네 쌍 있거든. 제주도에서는 '메역치'라 부르고, 서양에서는 줄무늬가 있는 메기라는 뜻에서 'Striped sea catfish'라고 부르지.

정말 메기와 비슷하네요.

메기류 중에서 유일하게 바다에 사는 종이야. 민물 메기처럼 생겼지만 바다에 살지. 몸길이는 20~30센티미터 정도야. 어릴 때는 떼를 지어 몰려다녀. 몸은 녹색을 띠고 노란색 세로줄이 있단다.

다른 특징은 없나요?

통발에 잘 들어가는데 등지느러미 가시에 독이 있으니 조심해야 해. 가시에 찔리면 통증에 정신이 혼미할 지경이 되고, 심하면 마비도 온다고. 낮에는 암초 틈이나

쏠종개

해조류가 무성한 곳에 숨어 있다가 밤이 되면 먹이를 사냥하러 나서지.

 먹을 수는 있어요?

쏠종개는 식용이 가능하지만 먹는 사람은 거의 없어. 죽은 후에도 가시에 독이 있으니까 조심해야 해. 낚시나 그물에 걸려든 쏠종개를 멋모르고 만지다가는 화를 당할 수 있거든. 쏠종개도 가시에 쏘인다는 뜻에서 붙인 이름이야.

살에서 갯내음이 나는 아홉동가리

 다음에는 '아홉동가리'라는 물고기야.

 '아홉똥가리'라고 발음하니까 이름이 우스워요, 큭큭.

그렇게 재밌어? 몸통에 가로줄 무늬가 아홉 줄인 것에서 따온 이름이야. 이 무늬가 여덟 줄인 것은 '여덟동가리'라 불러. 제주도에서는 '논쟁이'라고 부르지. 멋진 돔처럼 생겼지만, 수중에서 만나면 종종 가슴지느러미로 몸을 지지하면서 바위 위에 멍하니 앉아 있기도 한단다.

이유는 알 수 없지만…….

아홉동가리

 제가 보기에는 멍해 보이지 않는데요?

사람이든 물고기든 겉으로만 판단하는 것은 틀릴 수가 있지. 아홉동가리는 평소에는 동작이 느리고 암초 위에 움직이지 않고 있다가, 적이 나타나면 아주 재빠르게 움직여. 도망가다가 갑자기 멈추고, 힐끗 한번 보고는 다시 달아나곤 해. 얕은 바다 암초 지역에 수심 20미터 정도 되는 곳에서 살고, 40센티미터 이상으로 자라지. 입이 작고 이빨이 조밀해서 암초에 붙은 해조류 등을 갉아 먹기도 해. 소형 갑각류, 갯지렁이류, 해면 등을 먹으며 사는데 낮에 주로 움직이고 혼자 사는 것을 좋아하지.

 주로 혼자 산다구요? 은둔자네요.

타로카드 9번처럼, 하하하! 아홉동가리는 돔과 비슷하게 생겼지만 맛이 없고 갯내음이 나서 싫어하는 사람들이 많아. 이 냄새를 제거하려면 낚은 즉시 내장을 제거하거나 생강을 넣으면 효과가 있지. 주로 소금구이,

튀김으로 먹고 겨울철에 제일 맛있어.

제주도 생선 옥돔

다음은 단백질과 미네랄 성분이 풍부하여 어린이나 입맛 잃은 어르신들에게 좋고, 산후 몸조리에 특효가 있다는 '옥돔'이야.

앗, 아빠가 작년 겨울에 제주도 특산품이라고 사 오셨던 그 생선 아니에요? 프라이팬에 기름을 둘러서 엄마가 노릇노릇하게 구워 주셔서 정말 맛있게 먹었어요.

이야, 그걸 기억하네! 제주에서는 옥돔만을 생선이라고 하는데, 산후 몸조리에는 반드시 옥돔 미역국을 먹는다고 하네. 잔치나 제사에도 빠지지 않는다지. 우리나라에서는 옥처럼 귀한 생선이라 해서 붙인 이름이라 하고, 유럽에서는 말의 머리를 닮았다 해서 '붉은 말 머리', 일본에서는 '단맛 나는 생선'이란 뜻의 이름으로 불러. 가장 맛있는 때는 음력 12월에서 이듬해 3월 사이라고 하는데, 깊은 바다에 살기 때문인지 기름기가 적고 단백질이 풍부해서 맛이 고소하고 담백하다네.

 어디서, 어떻게 살아요?

옥돔

 제주도에서 남쪽으로 수심 10~200미터 대륙붕 가장자리, 펄이나 모랫바닥에 구멍을 파고 머리만 내놓은 채 구멍 속에서 산다고 해. 새우·게·갯가재 등의 갑각류, 갯지렁이류, 어류, 조개류 등을 먹으며 살지. 6~11월에 알을 낳고, 먼 거리의 회유는 하지 않지만 가을에는 북쪽으로, 봄에는 남쪽으로 조금 이동하면서 살아. 수명은 9~12년 정도이고.

 어떻게 잡는지 궁금해요.

바다 밑바닥에 사니까 낚싯줄에 낚시를 여러 개 달고 추를 바다 밑바닥에 가라앉힌 다음, 깃발이 달린 표지를 달아서 띄워 두었다가 차례로 거두어 올린다고 하네. 그물 아랫깃이 해저에 닿게 한 후 수평 방향으로 끌어 잡는 저인망 어법을 쓰기도 하지.

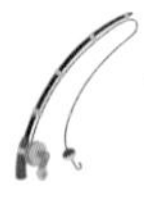

건강 다이어트 식품 참치

 원양어업이 발달하기 전엔 먹을 수 없었던 물고기가 있는데 혹시 알고 있니?

 잘 모르겠는데요.

 슈퍼마켓에 가면 통조림으로 파는데 아주 맛있지. 영어로 TUNA라고 써 있기도 하고.

 아, 알겠어요. 참치요!

 서양이나 일본에서는 오래전부터 맛있는 생선으로 알려졌는데 우리나라는 좀 늦었어. 원양어업이 발달하면서 참치 통조림으로 알려지게 되었지. 참치란 이름은 처음엔 참다랑어를 가리켰지만, 지금은 황다랑어, 눈다랑어 등 다랑어류를 이르는 이름이 되었어. 서양인은 '투나', 일본인은 '마구로'라고 불러.

다랑어에는 참다랑어, 눈다랑어, 황다랑어 등 여러 종이 있고, 이런 종들은 고급 횟감으로 비싸게 팔리지. 몸길이가 1~3미터, 몸무게가 100킬로그램이 넘는데 무려 400킬로그램 나가는 것도 있으니 아주 큰 물고기야.

통조림용으로는 날개다랑어, 가다랑어 등이 쓰이는

참다랑어

데 우리나라 가정용 통조림에는 가다랑어가 가장 많이 사용된단다. 가다랑어(*Katsuwonus pelamis*)는 몸길이가 80~100센티미터, 몸무게 20~30킬로그램 정도로 작은 편이야. 다랑어류와 다랑어 사촌격인 가다랑어는 모두 고등어과에 속하는 종들이지.

참치는 건강 다이어트 식품으로 인기를 끌고 있는데, 단백질이 많고 지방은 적어 칼로리가 낮기 때문에 비만이나 성인병에 아주 좋은 식품으로 알려져 있어. 고등어처럼 오메가-3 지방산이 있는 등푸른생선에 속하고, 또 셀레늄(selenium)이라는 원소가 들어 있어 항암 효과가 있다고 한단다.

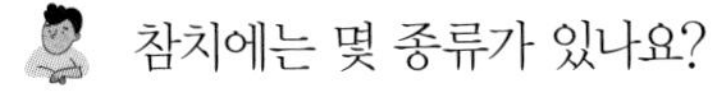

참치에는 몇 종류가 있나요?

분류학적으로 다랑어속(*Thunnus*)에는 참다랑어, 눈다랑어, 백다랑어, 황다랑어, 날개다랑어로 5종이었지만, 1990년대 말에 참다랑어가 각각 다른 종인 참다랑어(태평양산), 대서양참다랑어, 호주 연안의 남방참다랑어로 분리됨에 따라 모두 7종이 되었어. 참다랑어류 중에서는 태평양산 참다랑어가 맛이 가장 좋고 값도 비싸지. 참다랑어류 다음으로는 눈다랑어, 황다랑어가 횟집에서 인기가 있단다.

그런데 상업적 어업 활동으로 인한 마구잡이에 고급 횟감으로 쓰이는 참다랑어류뿐 아니라 날개다랑어까지 멸종 위기종이나 근접종으로 분류되는 신세가 되었다는구나. 급기야 2016년 UN에서는 참치를 보호하기 위해 5월 2일을 참치의 날로 선포했고. 어쩌면 지금 우리가 손쉽게 먹을 수 있는 참치 통조림을 몇 년 내에 먹지 못하게 될지도 몰라.

여름 고등어와 겨울 고등어

고등어는 우리 국민이 매우 좋아하는 생선 중의 하나다. 생산량으로도 늘 멸치, 갈치와 함께 3위 안에 드는 종이기도 하다.

최근 우리 식탁에 오르는 고등어는 세 가지 종류가 있다. 두 종은 우리 바다에서 나는 종이고 한 종은 유럽에서 수입한 종이다. 국내산인 두 종은 어시장에서는 종 구분 없이 취급하여 고등어(*Scomber japonicus*)와 망치고등어(*Scomber australasicus*)가 섞여 있다. 이 두 종은 등이 청록색이며 구불구불한 검은색 물결무늬가 있고 배는 은백색인 점은 같지만, 고등어는 배에 점이 없고 망치고등어는 배에 작은 회색, 회흑색 점과 무늬들이 가득하다. 어시장에서 자세히 살펴보면, 이 점의 유무로 두 종을 쉽게 구별할 수 있다. 그 외 망치고등어의 몸은 고등어보다 더 둥글어 횡단면이 거의 원형에 가까울 정도로 통통하다.

가장 많은 양을 들여오는 수입산 고등어는 노르웨이산이라 노르웨이고등어라 부르기도 하지만 실은 '대서양고등어(Atlantic mackerel, *Scomber scombrus*)'이다. 노르웨이에서는 대서양고등어의 맛이 가장 좋은 가을에만 잡기 때문에 우리나라 에서도 연중 같은 맛을 볼 수 있다. 이 종은 지중해에서 노르웨이 북부 북대서양까지 널리 분포하지만 주로 수온이 섭씨 11~14도의 차가운 바다에 많이 서식하고 몸속의 지방도 풍부한 편이다. 지방 성분이 많아서 우리 바다 고등어들보다 고소하다.

고등어의 맛은 계절에 따라 조금씩 다르다. 가을과 겨울 사이가 가장 맛이 좋고 크기가 클수록 맛이 있다. 반대로 얘기하면, 여름 고등어는 겨울 고등어보다 맛이 떨어진다. 그래서 연중 고소한 맛이 일정하고 값도 그리 비싸지 않은 수입산 대서양고등어의 인기가 꾸준한지도 모른다.

국내에서 연간 10만 톤 이상을 생산하면서도 대서양고등어를 일 년에 몇만 톤씩 수입하는 것은 노르웨이에서 크기와 어획 시기를 전략적으로 잘 조절해 왔기 때문이리라 생각된다.

고등어와 망치고등어는 어떤가. 두 종은 우리 바다에 함께 서식하지만 고등어는 망치고등어보다 차가운 북쪽 바다까지 널리 분포하고, 망치고등어는 북방 분포한계선이 고등어보다 저위도이다. 그래서인지 망치고등어는 고등어보다 여름철에 맛이 좋다고들 한다. 만약, 우리 바다의 고등어도 여름과 겨울을 나누어 종별로 맛을 구분하여 소비시장에서 취급한다면, 겨울을 제외한 계절에 인기를 얻고 있는 수입산 고등어와 대응해 볼 만한 가치가 있을 것 같다. '겨울 고등어'와 '여름 망치고등어'라면 어떨까?

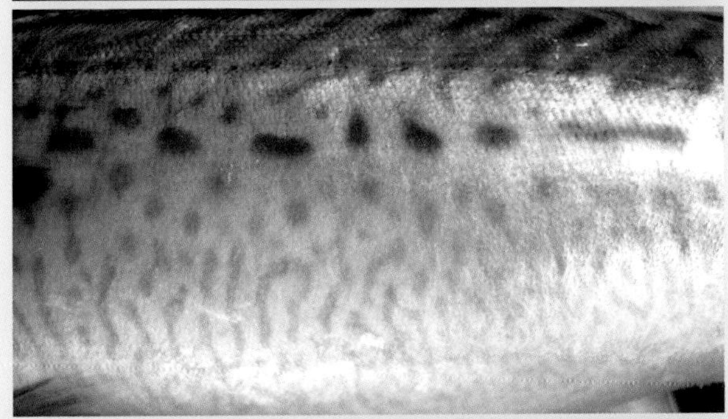

1	1. 고등어
2	2. 망치고등어
3	3. 대서양고등어(등의 무늬가 물결무늬로 이어져 있다.)

낚싯배에 대해 알아볼까?

우리가 타게 될 낚싯배는 선장과 낚시인의 안전을 위해 여러 가지 설비를 갖추도록 법으로 정해져 있단다. 어업을 하는 어선과는 달리 난간 손잡이, 구급약품 세트까지 낚시를 즐기는 이들을 위해 법으로 정해져 있지. 간단히 정리해 놓은 것을 한번 읽어 보렴.

 네, 그렇게 할게요.

낚시어선이 갖추어야 할 18가지 설비

〔「낚시 관리 및 육성법 시행령」(대통령령 제30432호, 2021년 2월 21일)에 의함.〕

1. 안전·구명 설비

가. 최대 승선 인원의 120퍼센트 이상에 해당하는 수의 구명조끼를 갖춰야 하며, 이 중 20퍼센트 이상은 어린이용으로 하여야 함.

– 한국해양교통안전공단(KOMSA)에서 승인한 성인용과 어린이용 구명조끼, 거기에 부착해서 야간에 사용할 수 있는 '구명조끼' 등을 갖추고 있어야 함.

나. 최대 승선 인원의 30퍼센트 이상에 해당하는 수의 구명부환

– 구명부이(Life buoy)라고도 하고, 바다에 빠진 사람에게 던져 구조할 때 사용함. 이것 역시 승인을 받은 물건이어야 함.

다. 지름 10밀리미터 이상, 길이 30미터 이상인 구명줄 1개 이상

– 구명부환에 연결할 구명줄

라. 가까운 무선국 또는 출입항신고기관 등과 상시 연락할 수 있는 통신기기

– VHF 무선 전화장치가 있어야 하고, 총톤수 5톤 이상(최대 승선 인원 13명) 선박에는 '단측파대전송방식(SSB 무선 송수신기)'이 있어야 함.

마. 난간 손잡이(hand rail)

– 승객들의 안전을 위한 난간 손잡이(갑판에서 1미터 높이)

바. 유효기간 이내의 비상용 구급약품 세트

사. 자기점화등(自己點火燈) 1개 이상

아. 최대 승선 인원의 100퍼센트 이상을 수용할 수 있는 구명뗏목(최대 승선 인원이 13명 이상인 낚시어선에 한정한다.)

자. 선박 자동식별장치(AIS, Automatic Identification System) (최대 승선 인원이 13명 이상인 낚시어선에 한정한다.)

차. 승객이 이용하는 선실에는 2개 이상의 비상 탈출구 (2020년 1월 1일 이후 건조된 낚시어선에 한정한다.)

카. 항해용 레이더(일출 전 또는 일몰 후 영업하는 낚시어선에 한정한다.)

타. 위성 비상 위치 지시용 무선표지설비(EPIRB를 말하며, 일출 전 또는 일몰 후 영업하는 최대 승선 인원 13명 이상인 낚시어선에 한정한다.)

파. 구명조끼에 부착할 수 있는 등(燈, 일출 전 또는 일몰 후에 영업하는 낚시어선에 한정한다.)

2. 소화설비

가. 총톤수 5톤 미만 낚시어선의 경우: 2개 이상의 간이식 소화기 비치

나. 총톤수 5톤 이상 낚시어선의 경우: 2개 이상의 휴대

식 소화기 비치

3. 전기설비

낚시인의 안전을 위해 사용하는 조명 등의 전기설비

4. 그 밖의 설비

가. 분뇨를 수면으로 배출하지 않는 방식의 화장실

나. 용량이 40리터 이상인 쓰레기통 2개 이상 비치

다. 그 밖에 시장·군수·구청장이 승객의 안전을 위하여 필요하다고 인정하여 고시하는 설비

 갖추어야 할 게 많군요.

 그래야 안전하게 낚시를 할 수 있으니까.

지금까지 우리 바다가 품은 이런저런 이야기들을 나누었으니, 이제 슬슬 바닷물고기 만나러 떠나 볼까? 준비됐는가, 아들?

 네, 준비 끝났습니다!!

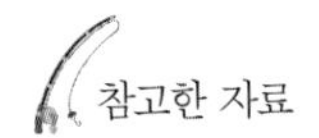

참고한 자료

도서

국립수산진흥원. (2010). 연근해 주요 어업자원의 생태와 어장. 농림수산식품부
김종만, 명정구. (2006). 바다목장 이야기. 지성사
김 준. (2013). 바다맛 기행1: 바다에서 건져 올린 맛의 문화사. 자연과생태
_____. (2015). 바다맛 기행2: 바다에서 건져 올린 맛의 문화사. 자연과생태
_____. (2018). 바다맛 기행3: 바다에서 건져 올린 맛의 문화사. 자연과생태
김혜경, 이희승 지음. 해양문고 02, 바다에서 찾은 희망의 밥상. 지성사
김 훈. (2019). 자전거 여행. 문학동네
명정구, 노현수. (2013). 울릉도 독도에서 만난 우리 바다생물. 지성사
명정구, 조광현. (2013) 바닷물고기 도감: 세밀화로 그린 보리 어린이 도감. 보리
명정구. (2003). 연어. 웅진닷컴
_____. (2013). 해양문고 24, 바다의 터줏대감, 물고기. 지성사
_____. (2015). 제주 물고기 도감. 지성사
오영민, 조정현 지음. (2016). 해양문고 29, 바닷길은 누가 안내하나요?. 지성사
해양수산부, 국립수산과학원. (2002). 한국 어구도감. 한글그라픽스
헨드릭 하멜, 김태진 옮김. (2003). 하멜표류기. 서해문집

Kuwamura T., T. Kadota and S. Suzuki. 2014. Testing the Low-density Hypothesis for Reversed Sex Change in Polygynous Fish: Experiments in *Labroides dimidiatus*. Nature. Scientific Reports. 4(4369): 1~5.

웹사이트

네이버 지식백과 - 두산백과, 한국민족문화대백과
네이버 포스트 : 토마스 저널 http://naver.me/xiA2srE4
네이버 블로그 : 돈마니의 블로그 http://naver.me/GWKQF2W9

그림 출처와 도움을 주신 분들

물고기 그림: 국립수산과학원, 명정구
21쪽, 37쪽, 39쪽, 43쪽: 양찬수
44쪽: 강현우, 박혁민(한국해양과학기술원)
101쪽: 양희철(한국해양과학기술원)
130쪽: 비만상어, 백상아리: shutterstock. com